北斗卫星导航系统
原理与应用

魏浩翰　沈　飞　桑文刚

陈　健　贾东振　乐　洋　等　**编著**

东南大学出版社
SOUTHEAST UNIVERSITY PRESS
·南京·

内 容 提 要

北斗卫星导航系统是我国自主建设、独立运行的全球卫星导航定位系统，是国家重要空间基础设施，已成为中国改革开放40多年来取得的重要成就之一，2020年北斗三号系统即将全面完成建设，为全球用户提供全天候、全天时、高精度的定位、导航和授时服务。本书首先介绍了北斗卫星导航系统的原理，包括系统的组成、坐标系统与时间系统、北斗卫星运动与卫星信号、北斗卫星导航接收机、北斗导航定位的误差源、北斗导航定位的基本原理；然后介绍了北斗导航系统在各行业的应用，包括在地球科学中的应用、位置服务中的应用等，并列举了典型的应用案例。

全书结构清晰，内容深入浅出，可作为大学本科测绘、土木、交通、GIS、通信、农林等专业的公共基础课教材或者高职高专相关专业的教材，也可作为从事卫星导航教学、科研和生产人员的参考书。

图书在版编目(CIP)数据

北斗卫星导航系统原理与应用/魏浩翰等编著.——
南京：东南大学出版社，2020.7(2025.1重印)
  ISBN 978-7-5641-8901-3

Ⅰ. ①北… Ⅱ. ①魏… Ⅲ. ①卫星导航—全球
定位系统—中国—高等学校—教材 Ⅳ. ①P228.4

中国版本图书馆 CIP 数据核字(2020)第 085039 号

北斗卫星导航系统原理与应用

Beidou Weixing Daohang Xitong Yuanli Yu Yingyong

编　　著：	魏浩翰　沈　飞　桑文刚　等
出版发行：	东南大学出版社
出 版 人：	江建中
社　　址：	南京市四牌楼2号(邮编：210096)
网　　址：	http://www.seupress.com
经　　销：	全国各地新华书店
印　　刷：	广东虎彩云印刷有限公司
开　　本：	787 mm×1092 mm　1/16
印　　张：	13
字　　数：	255千字
版 印 次：	2025年1月第1版第5次印刷
书　　号：	ISBN 978-7-5641-8901-3
定　　价：	35.00元

本社图书若有印装质量问题，请直接与营销部联系。电话(传真)：025-83791830

序

卫星导航系统是人类发展的共同财富,是提供全天候精确时空信息的空间基础设施,推动了知识技术密集、成长潜力大、综合效益好的新兴产业集群发展,成为国家安全和经济社会发展的重要支撑,日益改变着人类的生产生活方式。北斗卫星导航系统的发展目标,是建设世界一流的卫星导航系统,满足国家安全与经济社会发展需求,为全球用户提供连续、稳定、可靠的服务;发展北斗产业,服务经济社会发展和民生改善;深化国际合作,共享卫星导航发展成果,提高全球卫星导航系统的综合应用效益。中国坚持"自主、开放、兼容、渐进"的原则建设和发展北斗系统。正如习近平同志所说:"卫星导航系统是重要的空间基础设施,为人类社会生产和生活提供全天候的精准时空信息服务,是经济社会发展的重要信息保障。"北斗卫星导航系统已成为中国实施改革开放 40 多年来取得的重要成就之一。2018 年年底,北斗三号基本系统完成建设,这标志着北斗系统正式从区域走向全球;2020 年 6 月,北斗三号最后一颗组网卫星发射成功,标志着北斗三号系统全面建成并提供全球化服务;伴随着国家战略实施和宏观政策的有力支持,我国卫星导航与位置服务技术及产业正迈向崭新的发展阶段。

2020 年 5 月,中国卫星导航定位协会在北京发布《中国卫星导航与位置服务产业发展白皮书(2020)》。《白皮书》显示,2019 年我国卫星导航与位置服务产业总体产值达 3 450 亿元,较 2018 年增长 14.4%,其中与卫星导航技术研发和应用直接相关的,包括芯片、器件、算法、软件、导航数据、终端设备、基础设施等在内的产业核心产值为 1 166 亿元,在总产值中占比为 33.8%,北斗对产业的核心产值贡献率达 80%。随着"北斗十"和"十北斗"应用的深入推进,由卫星导航衍生带动形成的关联产值达到 2 284 亿元,同比增长 17.3%,有力支撑了行业总体经济效益的进一步提升。

随着以北斗导航系统为代表的全球导航卫星系统(GNSS)建设的稳步推进和应用的深入拓展,其技术和产业正经历着前所未有的转变,有以下三大发展趋势:

(1) 从单一的 GPS 时代转变为多系统、多星座并存的 GNSS 新时代。全球四大导航系统 100 余颗卫星在地球上空运行,用户随时可以接收至少十几颗不同卫星系统发出的信号,存在最优化选择、最佳化应用的问题,多系统兼容和互操作是 GNSS 系统发展的必然趋势。

（2）多手段集成实现大众化高精度位置服务。以北斗系统为代表的卫星导航定位技术为主要技术手段，辅以地基增强系统和天基增强系统，并利用非卫星导航定位技术，例如移动通信定位、Wi-Fi定位、惯性导航、伪卫星导航定位、无线电信号标、人工智能、大数据、互联网等技术，囊括无人系统应用服务的自动化与智能化，形成覆盖空天地、室内外一体化、全天候、全时段的无缝导航定位服务。

（3）以卫星导航定位为应用主体转变为定位导航授时（PNT）与移动通信、互联网等信息载体融合的新阶段。我国正在推进国家综合PNT体系建设，计划在2035年以前，以北斗系统为核心，建设完善更加泛在、更加融合、更加智能的国家综合PNT体系。届时将以北斗系统为核心构建覆盖空天地海、高精度、安全可靠、万物互联万物智能的新时空体系，显著提升时空信息服务能力，满足国民经济和国家安全需求，为全球用户提供更为优质的服务。

以北斗系统提供的时空信息为核心的PNT服务产品，必将被越来越多地应用到电子商务、移动智能终端、智能网联汽车、互联网位置服务中，大规模进入行业应用、大众消费、共享经济和民生服务等领域，深刻且深远地影响和改变着人们的生产和生活方式。围绕综合时空体系建设，我国卫星导航与位置服务技术及产业将迎来由技术融合创新和产业融合发展共同带来的升级发展变革。未来，北斗将加速实现与移动通信、移动互联网、物联网、大数据、人工智能等技术的融合创新。北斗"融技术、融网络、融终端、融数据"的全面发展，正形成一个个"北斗＋"创新和"＋北斗"应用的新生业态，成为北斗创新和应用发展的核心源动力。

编著者

2020年5月

前　言

　　北斗卫星导航系统是我国自主研发的全球卫星导航定位系统,是我国实施改革开放40多年来取得的重要成就之一。2018年年底,北斗三号基本系统完成建设,并开始提供全球服务,这标志着北斗系统正式从区域走向全球。随着2020年北斗三号系统的全面建成、提供全球化服务,以及国家战略实施和宏观政策的有力支持,我国卫星导航技术及相关产业正迈向崭新的发展阶段。

　　20世纪后期,我国结合国情制定了北斗卫星导航系统"三步走"战略。第一步,2000年建成北斗一号系统,采用有源定位体制,利用地球同步卫星为中国用户提供定位、授时、广域差分和短报文通信服务,解决了我国自主卫星导航系统的有无问题,使我国成为继美、俄之后的世界上第三个拥有自主卫星导航系统的国家。第二步,2007年到2012年,发射14颗北斗二号卫星,建成北斗二号系统。该系统于2012年12月27日启动区域性导航定位与授时正式服务,并在兼容北斗一号技术体制基础上,增加无源定位体制,为亚太地区用户提供定位、测速、授时和短报文通信服务。第三步,2020年,完成30颗卫星发射组网,全面建成北斗三号系统。北斗三号系统继承北斗有源服务和无源服务两种技术体制,能够为全球用户提供基本导航(定位、测速、授时)、全球短报文通信、国际搜救服务,中国及周边地区用户还可享有区域短报文通信、星际增强、精密单点定位等服务。计划在2035年以前,将以北斗系统为核心,建设完善更加泛在、更加融合、更加智能的国家综合定位导航授时(PNT)体系。

　　本书首先介绍了北斗卫星导航系统的原理,包括系统的组成、坐标系统与时间系统、北斗卫星运动与卫星信号、北斗卫星导航接收机、北斗导航定位的误差源、北斗导航定位的基本原理;其次介绍了北斗导航系统在各行业的应用,包括在地球科学中的应用、在位置服务中的应用等。

　　本书由魏浩翰、沈飞、桑文刚、乐洋、贾东振、陈健、王笑蕾、曹新运、徐敬青、王尔申等编著。其中,南京林业大学魏浩翰、南京林业大学陈健编写第1章、第2章,山东建筑大学桑文刚、南京邮电大学乐洋、南京师范大学曹新运编写第3章、第5章和附录,陆军工程大学石家庄校区徐敬青、沈阳航空航天大学王尔申编写第4章,南京师范大学沈飞、河海大学贾东振、河海大学王笑蕾编写第6章、第7章、第8章,长江岩土工程总公司(武汉)何广源参与编写了第 8 章实例内容。全书由魏浩翰、沈飞负责统稿。

本书编写过程中得到东南大学出版社和江苏莱特北斗信息科技有限公司的大力支持。东南大学出版社的曹胜玫老师为本书的策划、编写和出版付出很多努力,江苏莱特北斗信息科技有限公司为本书提供相关实训和实习素材(网址:http://shiyan.ltbeidou.com/)。在本书即将出版之际,向他们表示衷心感谢。本书参阅和引用了国内外有关学者的著作和发表的文献资料,在此向这些作者表示感谢!

由于编者的水平所限,特别是当前北斗卫星导航系统理论、技术仍在不断发展和完善,相关行业应用仍在不断拓展,要覆盖整个北斗导航系统的研究和应用领域相当困难,因此本教材仍有不尽如人意的地方,敬请读者朋友不吝赐教。

编著者

2020 年 5 月

目　　录

第 1 章

绪　　论

　　"复移小凳扶窗立,教识中天北斗星。"自古以来,北斗星就是中华民族的指路明灯。如今,无论我们走到哪里,北斗卫星导航系统仍始终伴我们左右、无处不在、无时不有。海上的船只,无论航行到全球哪个角落,都在祖国俯瞰之中;汶川地震,震中映秀 20 多小时音讯全无,突破死亡线赶到的部队,第一时间发出 100 余字短报文,字字千金;车水马龙的街头,一颗 1 cm 见方大小的芯片安装在共享单车里,人们就能很方便地搜寻到附近的单车,并规划好骑行路线。可以说,中国北斗卫星导航系统正在向"天上好用,地上用好"的应用格局发展。

　　北斗卫星导航系统(BeiDou Navigation Satellite System, BDS)是中国着眼于国家安全和经济社会发展需要,自主建设、独立运行的卫星导航系统,是为全球用户提供全天候、全天时、高精度的定位、导航和授时服务的国家重要空间基础设施。目前,北斗系统已形成由基础产品、应用终端、应用系统和运营服务构成的完整产业链,已在国家关键行业和重点领域标配化使用,在大众消费领域规模化应用。交通运输、公共安全、农林渔业、水文监测、气象预报、通信系统、电力调度、救灾减灾⋯⋯北斗系统逐渐融入国家核心基础设施,已产生显著的经济效益和社会效益,人们也越来越明显地感受到,中国北斗系统与百姓的幸福生活息息相关、紧密相连。

1.1　导航定位技术的发展历程

1.1.1　人类早期的导航

　　和今天的人们一样,古人也使用来自太空的信息指引方向。人们很早就意识到日月星辰以一定的规律运行。在晴朗的天气条件下,白天人们利用太阳来确定方向,夜晚则依靠更远的恒星来指路。至少在公元前 10 世纪之前,中国、巴比伦、埃及、希腊等国的先民就开始了各具特色的天文观测。在所有这些观测中,人们注意到一颗不太明亮的星,它总是处于北方天空的固定位置,于是,人们给它起名为"北极星"。北极星几乎位于地球北极的正上方,数个世纪以来,它为人们指引着方向(曹冲 等,2011)。公元前3000年,古埃及人就开始利用星体进行精确导航了。古埃及的天文学家利用肉眼观测夜空,逐步完善了36个星座的星图,他们知道特定的星辰会在夜空的哪些位置出现。通过这些知识,古埃及人踏出了通向精密定位科学的第一步(Bray,2018)。在古代中国,甚至设置专门机构从事专业观星,较为人知的就是钦天监。古人通过观察日月星辰的位置及其变化,掌握它们的运行规律,用来指引方向、确定季节、编制历法,为生产和生活服务。

在不能利用日月星辰指引方向的情况下,古人发明了各种确定方向的设备。相传早在5000多年前,黄帝时代就已经发明了指南车,当时黄帝曾凭借指南车在大雾弥漫的战场上指示方向,战胜了蚩尤。西周初期,南方的越棠氏人因回国迷路,周公就用指南车护送越棠氏使臣回国。战国时期,人们根据磁石能指示南北的特性发明了司南和罗盘,这是世界上最早的指南仪器。作为中国古代四大发明之一的指南针最早出现在北宋时期;到了南宋,指南针已广泛应用于航海事业,并于13世纪由阿拉伯人传入欧洲,为随之出现的环球航行和新大陆的发现提供了

图1.1 指南车模型

重要条件。1730年,美国人T.戈弗雷(Thomas Godfrey)和英国人约翰·哈德利(John Hadley)分别独自发明了用于海上测量角度的八分仪。1757年,坎贝尔船长(Captain John W. Campbell)在八分仪的基础上发明了六分仪,利用六分仪可以测量某一时刻太阳或其他天体与海平线或地平线的夹角,以便迅速得知海船或飞机所在位置的经纬度。时钟拨转到今天,在人们的生产、生活、休闲、娱乐等方方面面仍然能看到指南针和六分仪的身影。

图1.2 司南模型

图1.3 六分仪

1.1.2 近现代导航定位技术的发展

导航定位是无线电技术继通信之后的第二个应用领域。19世纪末,无线电测向技

术逐步应用于船舶导航。20世纪初,欧洲发明航海用的无线电信标,利用船上的无线电测向设备提供导航定位信息。随着无线电技术的飞速发展,无线电导航的概念逐步建立,无线电导航设备和系统也逐步完善。第二次世界大战期间以及战后,军事方面的迫切需求促使无线电导航系统飞速发展。20世纪四五十年代,出现了主要用于航海的陆基无线电导航定位系统,如罗兰-A(Loran-A)、台卡(Decca)和罗兰-C(Loran-C),以及主要用于航空的陆基无线电导航定位系统,如测距器(DME)近程航空导航系统和塔康(TACAN)战术航空导航系统。1957年10月4日,苏联发射了人类历史上第一颗人造卫星,随后苏联和美国的科学家均产生了把无线电导航定位系统台站从地面搬到卫星上的想法,即空基无线电导航定位系统,以解决无线电台站受导航塔高度限制造成导航覆盖范围有限的问题。1958年,美国开始研究世界上第一个卫星导航系统——子午仪系统(Transit),1964年,该系统建成并投入使用。子午仪系统工作性能可靠,能够全球、全天候定位,定位精度高(1968年的精度为70 m,1976年提高到30 m)、自动化程度高,但是不能实现连续定位。由于系统布设的卫星数少(最多的时候只有6颗),在全球范围内1天只能定位20次左右,有的地方甚至8~12 h才能定位1次,而且1次定位的观测时间长达10~16 min,不能实现实时定位。不仅如此,子午仪系统最致命的缺陷是卫星轨道漂移严重,这样,随着时间的推移,系统的性能将大大降低,从而使得子午仪卫星导航系统的应用受到了较大的限制。1996年,子午仪系统退出了历史舞台(王丽娜 等,2014)。

子午仪系统成功开辟了天基无线电导航定位系统计划。20世纪60年代后期,美国海军和空军有各自的开发计划,两者最后组合成为GPS(Global Positioning System,全球定位系统),经过20余年的研究试验并耗资300亿美元,到1994年3月,全球覆盖率高达98%的24颗GPS卫星星座才布设完成并正式投入使用。然而在该系统尚未实现全球布网的1991年,GPS首次在海湾战争中惊艳亮相就震惊了全世界。海湾战争中多国部队对伊拉克各个地区进行了高密度的空袭,GPS为攻击部队提供了极为精确的导航,为美军"战斧"巡航导弹的精确打击立下了汗马功劳,让这一型导弹名声大噪;GPS也提高了美军如F-117隐身战斗机、F-16战斗机的攻击精度,为美军地面行动清除了不少障碍;所有地面先头部队都是由GPS引路,在缺少地形、地貌标记的茫茫沙漠中准确找到伊拉克军队并实施包围。GPS最初只应用于军事领域,近年来,以美国GPS为代表的卫星导航应用产业已逐步成为一个全球性的高新技术产业,普遍应用于测绘、地理信息、地球物理、大气科学、交通物流、车辆调度与导航、航空航海、休闲娱乐等几乎现代社会的所有方面,而且应用领域仍在不断拓展。一句话,卫星导航到底能有什么用,这完全取决于人类的想象力。

1.1.3 导航定位技术分类

定位是在特定坐标系中确定目标空间位置的技术。导航即导引航行,是引导运载体(如人员、车辆、船舶、飞行器等)从一个地方按选定的航线运动到另一个地方的技术。定位是导航的基础,导航是定位技术的一个主要应用,两者密切相关,有时甚至不加区分,统称为导航定位技术。常见的导航定位技术可分为航标导航定位、天文导航定位、无线电导航定位、惯性导航定位、声呐导航定位、地球物理场辅助导航定位、卫星导航定位以及室内导航定位等。

1. 航标导航定位

航标导航也称目视导航,是一种借助于信标或参照物把运载体从一点引导到目的地的导航方法。航标导航的参照物通常有机场的导航灯、海岸或海岛上的灯塔等,如图 1.4。航标导航方法简单、易于实现,但是存在明显的缺点,如受环境、天气影响较大,在海洋和荒漠深处等无航标地区无法进行导航(王博,2018)。

图 1.4　航标导航

2. 天文导航定位

天空中的星体相对于地球具有一定的运动规律和位置,天文导航是以已知准确空间位置的自然天体为基准,通过对天体的精确、定时观测来确定测量点所在载体的导航信息(房建成 等,2006)。例如人们通过北极星进行导航,就属于天文导航,如图1.5所示。天文导航不需要其他地面设备的支持,所以具有自主导航特性,也不受人工或自然形成的电磁场的干扰,不向外辐射电磁波,隐蔽性好,定位、定向的精度比较高,定位误差不随时间积累,具有广泛的应用。

3. 无线电导航定位

无线电导航定位是利用无线电信号在自由空间中用直线方式以光速传播的原理,通过测量无线电波从发射台到运载体的传播时间确定运载体的位置。在无线电导航系统中,安装在已知位置(参考点)的无线电设备称为导航台,安装在待定位置运载体上的无线电装置称为导航仪。凡导航台与移动载体间用无线电方式为媒介来实现导航的，均称为无线电导航。无线电导航具有全天候、高精度、作用距离远、覆盖范围广、应用广泛等特点，不同的无线电导航系统只是无线电波段和使用地域不同而已。按照覆盖范围，无线电导航系统可分为超近程（100 km 以内）、近程（100～500 km）、中程（500～1 000 km）、远程（1 000～3 000 km）、超远程（3 000 km 以上）和覆盖全球的无线电导航系统。从导航台的所在位置来判定导航的性质，主要有陆基导航定位系统和星基导

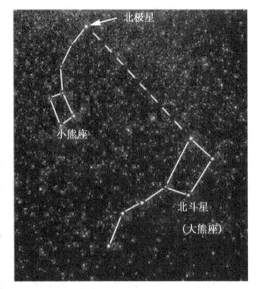

图 1.5　天文导航

航定位系统。陆基无线电导航定位系统是指导航台建立在陆地上的无线电导航定位系统，通常有三种测量方式：测向（测角）、测距和测距差。星基无线电导航定位系统是将导航台设置在卫星上的无线电导航定位系统，例如北斗卫星导航系统、GPS 系统等，将在本书后续章节做详细介绍。

4. 惯性导航定位

惯性导航定位属于推算导航定位方式，是在当前时刻运动载体位置已知的条件下，连续测量和记录任一时刻运动载体的运动速度和方向，推算出下一时刻运动载体的位置信息。惯性导航系统是一种不依赖于外部信息、也不向外部辐射能量（如无线电导航）的自主式导航系统，其工作环境不仅包括空中、地面，还可以在水下。因此惯性导航隐蔽性好、保密性强，不受天气、地理条件限制。但是缺点也很明显，随着航行时间和航行距离不断增加，所推算位置的累积误差会越来越大。因此，如果进行长时间、长距离导航，需要与其他导航方式组合使用，以便对误差进行校正。

5. 卫星导航定位

卫星导航系统基本功能是定位（Positioning）、导航（Navigation）和授时（Timing），即 PNT。卫星导航定位技术属于无线电导航定位技术中的星基无线电导航定位技术，是目前及未来相当长一段时间应用最为广泛的导航定位技术，利用围绕地球运行的导航卫星播发的无线电信号对地面、海洋、空中、空间的运载体进行导航定位。

全球卫星导航定位系统（Global Navigation Satellite System，GNSS）是利用导航卫星所提供的覆盖全球的无线电信号对地球表面及近地空间各种运载体进行导航定位，为其提供全天候的三维坐标、速度和时间信息。目前世界上进入实质性运作阶段

的四大 GNSS 系统有美国的 GPS 系统、俄罗斯的格洛纳斯（GLONASS）系统、中国的北斗卫星导航系统（BDS）和欧洲航天局的伽利略（Galileo）系统。除了上述四个全球性的卫星导航定位系统之外，还有一些区域性卫星导航系统，例如日本的准天顶卫星定位系统（QZSS）和印度的区域导航卫星系统（IRNSS）。

随着全球卫星导航定位系统应用的不断推广和深入，现有卫星导航系统在定位精度、可靠性、可用性、完好性等方面还无法满足一些高端用户的需求。为此，各种卫星导航增强系统应运而生（刘基余，2007；曾庆化 等，2014）。利用局域、区域和广域的卫星跟踪基准站数据，卫星导航增强系统对导航卫星信号的星历、钟差、电离层延迟、中性层延迟等误差进行确定并向用户播报，供实时用户进行定位修正，达到提高精度、可用性、完好性等导航定位性能的目的。卫星导航增强系统主要分为星基增强系统（SBAS）和地基增强系统（GBAS）。星基增强系统如美国的广域增强系统（WAAS）、俄罗斯的差分校正和监测系统（SDCM）和中国的北斗星基增强系统等；地基增强系统如美国的局域增强系统（LAAS）和中国的北斗地基增强系统等。卫星增强系统已在各个民、商领域广泛应用，并且成为各大军事强国军用发展不可或缺的一环，堪称卫星导航系统的"能力倍增器"（赵爽，2015）。

6. 室内导航定位

室内导航定位是一个综合性技术，是指在室内环境无法使用卫星定位时，采用多种技术在室内空间实现运载体的室内定位以及对运载体的追踪。目前，常用的室内定位技术有：基于传感器的室内定位技术，如红外线定位、超声波定位、惯性导航定位、视觉定位等；基于射频信号的室内定位技术，如 Wi-Fi 定位、蓝牙（Bluetooth）和紫蜂（ZigBee）定位、蜂窝网络定位、射频识别定位、超宽带定位等。此外，利用不同传感器进行位置信息融合，称为融合定位。

1.2 北斗卫星导航系统

1.2.1 北斗卫星导航系统发展历程

北斗卫星导航系统与美国的 GPS 系统、俄罗斯的格洛纳斯（GLONASS）系统、欧洲航天局的伽利略（Galileo）系统并称为四大全球卫星导航定位系统（杨元喜，2010）。

20 世纪后期，结合国情，我国制定了北斗卫星导航系统"三步走"战略。第一步，2000 年建成北斗一号系统，采用有源定位体制，利用地球同步卫星为中国用户提供定位、授时、广域差分和短报文通信服务,解决我国自主卫星导航系统的有无问题,使我国成为继美、俄之后世界上第三个拥有自主卫星导航系统的国家。第二步,2007 年到2012 年,发射 14 颗北斗二号卫星,建成北斗二号系统。该系统于 2012 年 12 月 27 日启动区域性导航定位与授时正式服务,并在兼容北斗一号系统技术体制基础上,增加无源定位体制,为亚太地区用户提供定位、测速、授时和短报文通信服务。第三步,到2020 年,完成 30 颗卫星发射组网,全面建成北斗三号系统。北斗三号系统继承北斗有源服务和无源服务两种技术体制,能够为全球用户提供基本导航(定位、测速、授时)、全球短报文通信、国际搜救服务,中国及周边地区用户还可享有区域短报文通信、星际增强、精密单点定位等服务。截至 2018 年年底,北斗三号基本系统建成并提供全球服务,包括"一带一路"国家和地区在内的世界各地均可享受到北斗系统服务。计划在2035 年以前,将以北斗系统为核心,建设完善更加泛在、更加融合、更加智能的国家综合定位导航授时(PNT)体系(中国卫星导航系统管理办公室,2018)。

卫星导航系统是全球性公共资源,多系统兼容与互操作已成为发展趋势。中国始终秉持和践行"中国的北斗,世界的北斗"的发展理念,服务"一带一路"建设发展,积极推进北斗导航系统国际合作。与其他卫星导航系统携手,与各个国家、地区和国际组织一起,共同推动全球卫星导航事业发展,让北斗导航系统更好地服务全球、造福人类(北斗卫星导航系统,2017)。

1.2.2 系统组成

从北斗卫星导航系统的组成结构来看,与其他全球卫星导航系统类似,可以分为空间星座部分、地面控制部分和用户终端部分。

1. 空间星座部分

北斗导航系统空间星座部分由 30 颗卫星组成混合导航星座,包括 3 颗地球静止轨道卫星(GEostationary Orbit,GEO)、3 颗倾斜地球同步轨道卫星(Inclined Geosynchronous Satellite Orbit,IGSO)和 24 颗地球中轨道卫星(Medium Earth Orbit,MEO),其中 GEO 卫星和 IGSO 卫星轨道高度约为 36 000 km,MEO 卫星轨道高度约为 21 500 km,如图 1.6 所示。卫星以固定的周期环绕地球运行,使得在任意时刻,在地面上的任意一点都可以同时观测到 4 颗以上的卫星。

2. 地面控制部分

地面控制部分包括主控站、上行注入站和监测站。主控站是地面控制部分的中心,也是整个北斗卫星导航系统的中心,具有监控卫星星座、维持时间基准、更新导航电文等功能。上行注入站的功能是把由主控站发布的信息和指令注入各个卫星中去。这些信息和指令包含卫星轨道位置、星上时钟校正信息、广域差分信息等重要内容。

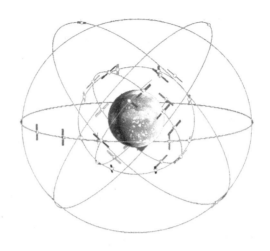

图 1.6　北斗卫星导航系统星座图

监测站的功能是对卫星进行监测,保持连续跟踪卫星的轨道位置和系统时间,完成数据采集,并汇总卫星、气象等信息后传给主控站处理(王博,2018)。值得一提的是,北斗三号系统地面控制部分实施了升级改造,建立了高精度时间和空间基准,增加了星间链路运行管理设施,实现了基于星地和星间链路联合观测的卫星轨道和钟差测定业务处理。

3. 用户终端部分

用户终端部分包括北斗及兼容其他卫星导航系统的芯片、模块、天线等基础产品,以及终端产品、应用系统与应用服务等。常见的终端设备有手机内的定位芯片、手持接收机、车载接收机、船载接收机和机载接收机,以及用于科研和生产的专用北斗接收机等,如图 1.7、图 1.8。通过终端设备接收到的卫星信号并进行解算,能获取用户的位置、速度、时间。根据北斗导航系统兼容性的建设原则,所有北斗用户终端设备均能很好地对其他全球卫星导航系统进行兼容。北斗卫星导航芯片、模块、天线、板卡等基

图 1.7　手持式北斗接收机

图 1.8　测地型北斗接收机

础产品,是北斗系统应用的基础。通过卫星导航专项的集智攻关,我国实现了卫星导航基础产品的自主可控,形成了完整的产业链,逐步应用到国民经济和社会发展的各个领域。伴随着互联网、大数据、云计算、物联网等技术的发展,北斗基础产品的嵌入式、融合性应用逐步加强,产生了显著的融合效益。

1.2.3 时间系统和坐标系统

1. 时间系统

卫星导航系统最主要的功能是导航、定位、授时,这些都需要精确的时间信息,准确稳定的时间是卫星导航系统运行的最基础保障。时间参数作为卫星导航中时间信息的表现方式,它不仅是实现定位、测速等功能的前提保证,更直接关系着系统的服务性能(吴海涛 等,2011)。北斗卫星导航系统为自身定义了一套时间系统,即北斗时(BeiDou Time,BDT)。BDT 的起算历元是协调世界时(UTC)的 2006 年 1 月 1 日 0∶00∶00,并且 BDT 与 UTC 不存在整秒的差异,只存在小于 100 ns(纳秒)的偏差。

本着兼容性的建设原则,为了实现与其他全球导航定位系统的兼容,BDT 设计之初就考虑了与 GPS 时和 Galileo 时之间的互操作,BDT 与其他时间系统的时差会被监测并播发。

2. 坐标系统

在全球卫星导航定位系统中,卫星是作为位置已知的空间参考点向地表用户发送无线电信号。为了确定地面用户的位置,空间中卫星的瞬时位置也需要换算到统一的坐标系统中。北斗卫星导航系统采用的是卫星导航专用坐标系——BDCS(BeiDou Coordinate System),其原点为包括海洋和大气的整个地球的质量中心,采用中国 2000 国家大地坐标系统(CGCS2000)参考椭球。CGCS2000 坐标系统是全球地心坐标系在我国的具体体现,该系统于 2008 年正式使用(魏子卿 等,2019)。

1.2.4 信号特征和服务类型

北斗卫星的信号结构包含三部分,分别是导航电文(数据码)、伪随机噪声码(分为授权和开放两种服务)和载波。导航电文是由导航卫星播发给用户的描述导航卫星运行状态参数的电文,用户需要从卫星信号中读取导航电文,再通过一系列算法计算卫星当前的实时位置。伪随机噪声码,一方面完成对导航电文的调制,另一方面用于区分接收到的卫星信号的来源。利用伪随机噪声码和载波可以测量出卫星到接收机之间的距离,再利用从导航电文中解算出来的卫星位置,可计算出用户的位置和速度等信息(王博,2018)。北斗系统具备导航定位和通信数传两大功能,提供七种服务。具体包括：面向全球范围，提供定位导航授时（RNSS）、全球短报文通信（GSMC）和国际搜救（SAR）三种服务；在中国及周边地区，提供星基增强（SBAS）、地基增强（GAS）、精密单点定位（PPP）和区域短报文通信（RSMC）四种服务（详见表1.1）。其中，2018年12月RNSS服务已向全球开通，2019年12月起具备GSMC、SAR和GAS服务能力，2020年具备SBAS、PPP和RSMC服务能力（中国卫星导航系统管理办公室，2019）。

表1.1　北斗系统服务规划

服务类型		信号/频段	播发手段
全球范围	定位导航授时（RNSS）	BI1、B3I	3GEO＋3IGSO＋24MEO
		BIC、B2a、B2b	3IGSO＋24MEO
	全球短报文通信（GSMC）	上行：L 下行：GSMC－B2b	上行：14MEO 下行：3IGSO＋24MEO
	国际搜救（SAR）	上行：UHF 下行：SAR－B2b	上行：6MEO 下行：3IGSO＋24MEO
中国及周边地区	星基增强（SBAS）	BDSBAS－B1C、BDSBAS－B2a	3GEO
	地基增强（GAS）	2G、3G、4G、5G	移动通信网络 互联网络
	精密单点定位（PPP）	PPP－B2b	3GEO
	区域短报文通信（RSMC）	上行：L 下行：S	3GEO

备注：中国及周边地区即东经75°至135°，北纬10°至55°。

（1）RNSS服务性能指标。北斗系统利用3颗GEO卫星、3颗IGSO卫星、24颗MEO卫星，向位于地表及其以上1 000 km空间的全球用户提供免费的RNSS服务，包括定位、测速和授时。主要性能见表1.2。

表1.2　北斗系统RNSS服务主要性能指标

性能特征		性能指标
服务精度（95％）	定位精度	水平≤10 m，高程≤10 m
	授时精度	≤20 ns
	测速精度	≤0.2 m/s
服务可用性		≥99％

（2）SBAS服务性能指标。北斗系统利用GEO卫星，向中国及周边地区用户提供符合国际民航组织标准的单频增强和双频多星座增强免费服务，旨在实现一类垂直引导进近（APV-I）指标和一类精密进近（CAT-I）指标。

（3）GAS 服务性能指标。北斗系统利用移动通信网络或互联网络,向北斗基准站网覆盖区内的用户提供米级、分米级、厘米级、毫米级高精度定位服务。主要性能详见表 1.3。

表 1.3　北斗系统 GAS 服务主要性能指标

性能特征	性能指标				
	单频伪距增强服务	单频载波相位增强服务	双频载波相位增强服务	单频载波相位增强服务（网络 RTK）	后处理毫米级相对基线测量
支持系统	BDS	BDS	BDS	BDS/GNSS	BDS/GNSS
定位精度	水平≤2 m,高程≤3 m（95％）	水平≤1.2 m,高程≤2 m（95％）	水平≤0.5 m,高程≤1 m（95％）	水平≤5 cm,高程≤10 cm（RMS）	水平≤5 mm+$1\times10^{-6}D$,高程≤10 mm+$2\times10^{-6}D$（RMS）
初始化时间	秒级	≤20 min	≤40 min	≤60 s	

注:D 为基线长度,单位 km;RMS 为均方根误差(Root Mean Sqaure)。

（4）PPP 服务性能指标。北斗系统利用 GEO 卫星,向中国及周边地区用户提供高精度定位免费服务。主要性能详见表 1.4。

表 1.4　北斗系统 PPP 服务主要性能指标

性能特征	性能指标	
	第一阶段(2020 年)	第二阶段(2020 年后)
播发速率	500 bit/s	扩展为增强多个全球卫星导航系统,提升播发速率,视情拓展服务区域,提高定位精度、缩短收敛时间
定位精度(95％)	水平≤0.3 m,高程≤0.6 m	
收敛时间	≤30 min	

（5）RSMC 服务性能指标。北斗系统利用 GEO 卫星,向中国及周边地区用户提供区域短报文通信服务。主要性能详见表 1.5。

表 1.5　北斗系统 RSMC 服务主要性能指标

性能特征		性能指标
服务成功率		≥95％
服务频度		一般 1 次/30 s,最高 1 次/1 s
响应时延		≤1 s
终端发射功率		≤3 W
服务容量	上行	1 200 万次/h
	下行	600 万次/h

（续表）

性能特征		性能指标
单次报文最大长度		14 000 bit（约相当于 1 000 个汉字）
定位精度（95%）	RDSS	水平 20 m，高程 20 m
	广义 RDSS	水平 10 m，高程 10 m
双向授时精度（95%）		10 ns
使用约束及说明		若用户相对卫星径向速度大于 1 000 km/h，需进行自适应多普勒补偿

（6）GSMC 服务性能指标。北斗系统利用 MEO 卫星，向位于地表及其以上 1 000 km 空间的特许用户提供全球短报文通信服务。主要性能详见表 1.6。

表 1.6　北斗系统 GSMC 服务主要性能指标

性能特征		性能指标
服务成功率		≥95%
响应时延		一般优于 1 min
终端发射功率		≤10 W
服务容量	上行	30 万次/h
	下行	20 万次/h
单次报文最大长度		560 bit（约相当于 40 个汉字）
使用约束及说明		用户需进行自适应多普勒补偿，且补偿后上行信号到达卫星频偏需小于 1 000 Hz

（7）SAR 服务性能指标。北斗系统利用 MEO 卫星，按照国际搜救卫星组织标准，与其他搜救卫星系统联合向全球航海、航空和陆地用户提供免费遇险报警服务，并具备返向链路确认服务能力。主要性能详见表 1.7。

表 1.7　北斗系统 SAR 服务主要性能指标

性能特征	性能指标
检测概率	≥99%
独立定位概率	≥98%
独立定位精度（95%）	≤5 km
地面接收误码率	≤5×10⁻⁵
可用性	≥99.5%

1.2.5　特色与优势

北斗导航系统的建设实践，实现了在区域快速形成服务能力、逐步扩展为全球服

务的发展路径,丰富了世界卫星导航事业的发展模式。北斗导航系统的特色与优势有以下几点(袁树友,2017):

(1) 北斗系统具有短报文通信功能。把导航与通信紧密结合起来,这是其他卫星导航系统所不具备的。比如在荒漠、草原、高山、海洋等通信信号无法覆盖的地方,北斗系统既能实现定位功能,也能进行短报文通信。我国北斗系统独有的短报文功能使它的应用范围更加广泛,预计今后每年可以满足千万量级用户的使用需求。在没有通信网络覆盖的地方,用户可以通过北斗系统的短报文功能发送短信。北斗不仅知道"我在哪",还能知道"你在哪"。随着北斗全球系统的建成,我国将在技术和服务方面进行升级,并向更多用户开放短报文功能。

(2) 北斗系统空间段采用三种轨道卫星组成的混合星座,与其他卫星导航系统相比高轨卫星更多,抗遮挡能力更强,尤其在低纬度地区性能特点更为明显。

(3) 北斗系统提供多个频点的导航信号,能够通过多频信号组合使用等方式提高服务精度。

(4) 北斗系统创新融合了导航与通信能力,具备基本导航、短报文通信、星基增强、国际搜救、精密单点定位等多种服务能力。

(5) 北斗系统是我国自主发展、独立运行,并与世界其他卫星导航系统兼容共用的全球卫星导航系统,其核心和关键技术均具备自主知识产权,完全由我国运行、管理,不受国际政治等外界因素干扰。

1.3 其他全球卫星导航系统

1.3.1 GPS 系统

GPS 系统的全称是全球定位系统(Global Positioning System)。GPS 最初是美国国防部为了满足军事部门对高精度导航定位的需求而建立的。该系统于 1973 年开始建立,历经二十余年,经过方案论证、工程研发和发射组网三个阶段,于 1994 年建成拥有 24 颗卫星星座、全球覆盖率高达 98%导航定位系统。

1. GPS 系统组成

GPS 系统由三部分组成,分别是空间星座部分、地面控制部分和用户终端部分。

设计的 GPS 空间星座由 24 颗卫星组成,其中 21 颗工作卫星和 3 颗备用卫星。随着 GPS 卫星不断发射和更新,GPS 空间星座的卫星数量通常维持在 30 颗左右。卫星分布在 6 个轨道面内,每个轨道上均匀分布至少 4 颗卫星,卫星轨道面相对地球赤道面的倾角约为 55°，各轨道面之间的夹角为 60°。在相邻轨道上，卫星的升交角距相差 30°，如图 1.9 所示。GPS 卫星轨道的平均高度约为 20 200 km，运行周期约 11 h 58 min（恒星时）。因此，在同一观测站上，每天出现的卫星分布图几乎相同，每颗卫星出现的时间比前一天提前 4 min，且每颗卫星每天至少有 5 h 在地平线以上。GPS 空间卫星星座的分布保障了在地球上任何时刻、任何地点至少有 4 颗卫星能被同时观测，且卫星信号的传播和接收不受天气条件的影响。

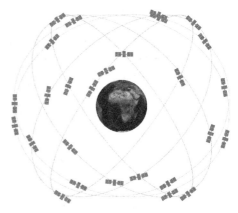

图 1.9 GPS 卫星星座

GPS 系统的地面控制部分包括一个主控站、三个信息注入站和若干卫星监控站。主控站位于美国科罗拉多斯普林斯(Colorado Springs)的联合空间执行中心，其作用是接收世界各地卫星监控站的观测资料，推算编制各卫星的星历、卫星钟差和大气层的修正参数等，并把这些数据传送到注入站。注入站的主要任务是在主控站的控制下将主控站推算和编制的星历、钟差、导航电文及其他控制指令注入相应卫星的存储器中。监控站是在主控站直接控制下的数据自动采集中心，站内设置有双频 GPS 接收机、高精度原子钟、计算机和若干台环境数据传感器。接收机对 GPS 卫星连续观测，以采集数据和监测卫星的工作状况。原子钟提供标准时间，环境传感器收集当地的气象数据。各监控站的观测资料由计算机初步处理后传输到主控站，用以确定卫星的轨道参数(郑加柱 等，2014)。

GPS 用户终端部分即 GPS 接收机，主要由天线、接收机主机和电源组成。用户通过 GPS 接收机接收并解算卫星信号，实现导航、定位和授时功能。

2. GPS 时间系统和坐标系统

为了满足精密导航和测量的需要，GPS 建立了专用的时间系统，即 GPS 时(GPST)，由 GPS 主控站的原子钟控制，采用原子时(AT)1 s 长为时间基准，时间起算的原点定义在 1980 年 1 月 6 日世界协调时(UTC 时)0 时，启动后不跳秒，保证时间的连续。以后随着时间积累，GPS 时与 UTC 时的整秒差以及秒以下的差异通过时间服务部门定期公布。

GPS 系统使用的坐标系统是 1984 年世界大地坐标系统(WGS-84)。该坐标系统属于空间直角坐标系，其原点是地球的质心，Z 轴指向国际时间局(BIH)1984.0 定义的协议地球极(CTP)方向，X 轴指向 BIH1984.0 的零度子午面和 CTP 赤道的交点，Y 轴满足右手坐标系。

3. GPS 卫星信号

GPS 卫星信号是 GPS 卫星向广大用户发送的用于导航定位的码分多址(CDMA)调制波,包括测距码(包括 C/A 码和 P 码)、数据码(也称导航电文)和载波(包括 L1、L2 和 L5 载波)。系统时钟基本频率为 10.23 MHz,是产生上述三种信号的基础。

4. GPS 系统特点及 GPS 现代化

GPS 系统是世界上第一个全球卫星导航定位系统,也是目前应用最为广泛的 GNSS 系统。GPS 系统能提供具有全天候、全天时、全球覆盖、连续性等优点的导航、定位、授时服务(PNT 服务),已经融入全球各国的国防安全、经济建设和民生发展等各个领域。

GPS 系统作为军民两用系统,随着 GPS 应用的不断深入,系统存在的一些问题影响了 GPS 系统的效能。美国国防部于 1996 年启动了"GPS 现代化"计划,预计完成整个 GPS 系统的现代化要到 2036 年以后。GPS 系统现代化以发射 BLOCK ⅡR-M、BLOCK Ⅱ F 及 BLOCK Ⅲ 导航卫星为标志,要求新一代导航卫星兼容上一代导航卫星,逐步提升导航卫星系统能力(提供新的军用授权信号 L1M、L2M,提供新的民用信号 L2C、L5,提高信号功率等功能分步实施),保持 GPS 星座稳健,为用户持续提供连续可靠的定位、导航和授时服务。

1.3.2　GLONASS 系统

格洛纳斯(GLONASS)是"全球卫星导航系统 GLObal NAvigation Satellite System"的缩写,最早开发于苏联时期,后由俄罗斯继续该计划。俄罗斯于 1993 年开始独自建立本国的全球卫星导航系统。按计划,该系统于 2007 年开始运营,当时只开放俄罗斯境内卫星定位及导航服务。到 2009 年,其服务范围已经拓展到全球。该系统主要服务内容包括确定陆地、海上及空中目标的坐标及运动速度信息等。系统已经于 2011 年 1 月 1 日在全球正式运行。

1. GLONASS 系统组成

GLONASS 系统由三部分组成,分别是空间星座部分、地面控制部分和用户终端部分。

GLONASS 空间卫星星座为 27 颗卫星,其中 3 颗为备用卫星。24 颗工作卫星均匀分布在 3 个轨道平面内,每个轨道上等间隔分布 8 颗卫星,轨道倾角为 64.8°,卫星距离地面高度为 19 140 km,运行周期为 11 h 15 min。

地面控制部分由控制中心、中央同步器、遥测遥控站(含激光跟踪站)和外场导航控制设备组成。地面控制系统的功能由当时苏联境内的许多场地来完成。随着苏联的解体,GLONASS 系统由俄罗斯航天局管理,地面支持段只有俄罗斯境内的场地,系统控制中心和中央同步处理器位于莫斯科,遥测遥控站位于圣彼得堡、捷尔诺波尔、埃尼谢斯克和共青城。

用户设备(即接收机)能接收卫星发射的导航信号,并测量其伪距和伪距变化率,同时从卫星信号中提取并处理导航电文。接收机处理器对上述数据进行处理并计算出用户所在的位置、速度和时间信息。GLONASS 系统提供军用和民用两种服务。目前,GLONASS 系统的主要用途是导航定位,当然与 GPS 系统一样,也可以广泛应用于各种等级和种类的定位、导航和时频领域等。

2. GLONASS 时间系统和坐标系统

GLONASS 时间系统也采用原子时(AT)1 s 长为时间基准,是基于苏联时代莫斯科的协调时 UTC(SU),采用的 UTC 时并含有跳秒改正。

GLONASS 坐标系统采用的是基于 Parameters of the Earth1990 框架的 PE-90 大地坐标系。该坐标系统属于空间直角坐标系,其原点是地球的质心,Z 轴指向协议地球方向,即 1900—1905 年的平均北极,X 轴指向地球赤道与 BIH 定义的零子午线交点,Y 轴满足右手坐标系。

3. GLONASS 卫星信号

与美国的 GPS 系统不同,GLONASS 系统使用频分多址(FDMA)的方式,每颗 GLONASS 卫星广播 L1 和 L2 两种信号。此外,俄罗斯航天局于 2002 年前启动了新一代 GLONASS-K 卫星的研制工作,不仅使用原来的 L1 和 L2 频段频分多址信号,还增加了码分多址的 L1、L2、L3 信号。

4. GLONASS 系统特点

GPS 的卫星信号采用码分多址体制,每颗卫星的信号频率和调制方式相同,不同卫星的信号靠不同的伪码区分。而 GLONASS 采用频分多址体制,卫星靠不同的频率来区分,每组频率的伪随机码相同。基于这个原因,GLONASS 可以防止整个卫星导航系统同时被敌方干扰,具有更强的抗干扰能力。

卫星导航首先是在军事需求的推动下发展起来的,GLONASS 与 GPS 一样可为全球海陆空以及近地空间的各种用户全天候、连续提供高精度的各种三维位置、三维速度和时间信息,这样不仅为海军舰船,空军飞机,陆军坦克、装甲车、炮车等提供精确导航,也在精密导弹制导、精密敌我态势产生、部队准确的机动和配合、武器系统的精确瞄准等方面广泛应用。另外,卫星导航在大地测量和海洋测绘、邮电通信、地质勘探、石油开发、地震预报、地面交通管理等各种国民经济领域有越来越多的应用。GLONASS 的出现,打破了美国对卫星导航独家垄断的地位,消除了美国利用 GPS 施以主权威慑给用户带来的后顾之忧。

1.3.3　Galileo 系统

伽利略定位系统(Galileo Positioning System)是由欧盟发起,旨在建立一个由国际组织控制的开放式的以民用为主的全球卫星导航系统。1998 年,欧盟提出了 Galileo 计划,并于 2002 年正式批准启动该项目,全部 30 颗卫星(24 颗工作卫星,6 颗备用卫星)计划于 2020 年发射完毕。

1. Galileo 系统组成

Galileo 系统由三部分组成,分别是空间星座部分、地面控制部分和用户终端部分。

Galileo 系统的卫星星座为 30 颗卫星,其中 6 颗为备用卫星。24 颗工作卫星均匀分布在 3 个轨道平面内,轨道倾角为 56°,卫星距离地面高度为 23 220 km,运行周期为14 h 4 min。

地面控制部分由全球地面控制段、全球域网、导航管理中心、地面支持设施和地面管理机构组成。其主要功能为导航控制、星座管理以及完好性数据检测和分发。

2. Galileo 时间系统和坐标系统

Galileo 时间系统(GST)是一个连续的时标,与国际原子时(TAI)保持偏差小于 33 ns。GST 和 TAI 的偏差、GST 和 UTC 的偏差通过各种服务的空间信号广播发给用户。

Galileo 坐标系统采用的是基于 Galileo 地球参考框架(GTRF)的 ITRF-96 大地坐标系,原点位于地球质心,Z 轴指向 IERS 推荐的协议地球原点(CTP)方向,X 轴指向地球赤道与 BIH 定义的零子午线交点,Y 轴满足右手坐标系。

3. Galileo 卫星信号

Galileo 系统使用码分多址(CDMA)的方式,采用 4 种位于 L 波段的频率来发射信号,其空间卫星信号等效于 GPS BLOCK-Ⅱ F 卫星上的信号,具有在 L 频段上和 GPS 兼容的多频体制,在无增强情况下可获得 10 m 的定位精度。

4. Galileo 系统特点

(1) Galileo 系统为用户提供四种不同类型的服务:免费公共服务(精度:15～20 m 单频,5～10 m 双频)、商业服务(5～10 m 双频)、有关生命安全的服务(1～10 m 双频)和公共管理服务(4～6 m 双频,局部可达 1 m)。

(2) Galileo 系统在开发研制过程中,军方未直接参与,是一个具有商业性质的民用卫星导航定位系统,受政治因素影响较小。

(3) 采取措施进一步提高精度,如在卫星上采用了性能更好的原子钟;地面监测站的数量更多,分布位置更合理;在接收机中采用了噪声抑制技术等,使用户能获得更好的导航定位精度。

(4) 该系统与 GPS 系统既保持相互独立,又相互兼容,具有互操作性。Galileo 系统采用了独立的卫星星座、地面控制系统和不同的信号设计方案,与 GPS 系统相互独立,可防止或减少系统出现故障对用户产生的影响。兼容性可保证两个系统不会影响对方的独立工作,干扰对方的正常运行。互操作性是指用一台接收设备同时接收两个系统的信号,以保障导航定位的精度、可靠性和完好性。

1.4 区域卫星导航系统与星基增强系统

1.4.1 区域卫星导航系统

1. 日本卫星导航系统

日本卫星导航系统即准天顶卫星系统(Quasi-Zenith Satellite System,QZSS),由空间段、地面运行控制段和用户接收机三部分组成。QZSS 系统主要为移动用户提供通信(视频、音频和数据)和定位服务,其定位服务可视为是 GPS 系统的增强服务,主要满足日本及其周边地区的 GPS 定位功能。随着系统内卫星数量和密度不断增加,QZSS 在技术上可能升级为独立的卫星导航系统,提供完整的卫星导航功能。

2. 印度区域卫星导航系统

印度区域卫星导航系统(Indian Regional Navigation Satellite System,IRNSS)是一个独立的区域导航系统,印度政府对这个系统有完全的掌控权。印度区域导航卫星系统提供两种服务,包括民用的标准定位服务,以及供特定授权使用者(军用)的限制型服务,覆盖印度及其周边 1 500 km 范围,提供定位精度优于 20 m 的服务。

1.4.2 星基增强系统

1. 美国广域增强系统

广域增强系统(Wide Area Augmentation System,WAAS)是由美国联邦航空局(FAA)开发建立的一个主要用于航空领域的导航增强系统,该系统通过 GEO 卫星播发 GPS 广域差分数据,从而提高全球定位系统的精度和可用性。WAAS 利用遍布北美和夏威夷的地面参考站采集 GPS 信号并传送给主控站,主控站经过计算得出差分改正并将改正信息经地面上行注入站传送给 WAAS 系统的 GEO 卫星。最后由 GEO 卫星将信息播发给地球上的用户,这样用户就能够通过得到的改正信息精确计算自己的位置。

2. 俄罗斯差分校正和监测系统

自 2002 年起,俄罗斯联邦就开始着手研发建立 GLONASS 系统的卫星导航增强系统——差分校正和监测系统(SDCM)。SDCM 将为 GLONASS 以及其他全球卫星导航系统提供性能强化,以满足所需的高精确度及可靠性。和其他的卫星导航增强系统类似,SDCM 也是利用差分定位的原理,该系统主要由 3 部分组成:差分校准和监测站、中央处理设施以及用来中继差分校正信息的地球静止轨道卫星。

3. 欧洲地球静止导航重叠服务

欧洲地球静止导航重叠服务(EGNOS)是欧洲自主开发建设的星基导航增强系统,它通过增强 GPS 和 GLONASS 卫星导航系统的定位精度,来满足高安全用户的需求。它是欧洲 GNSS 计划的第一步,是欧洲开发的 Galileo 卫星导航系统计划的前奏。EGNOS 系统已经于 2009 年开始正式运行使用,并将至少工作 20 年以上。目前,EGNOS 系统可以提供三种服务:①免费的公开服务,定位精度 1 m,已于 2009 年 10 月开始服务;②生命安全服务,定位精度 1 m,已于 2011 年 3 月开始服务;③EGNOS 数据访问服务,定位精度小于 1 m,已于 2012 年 7 月开始服务。

4. 日本多功能卫星星基增强系统

日本的多功能卫星星基增强系统(MSAS),是基于 2 颗多功能卫星的 GPS 星基增强系统,主要目的是为日本航空提供通信与导航服务。系统覆盖范围为日本所有飞行服务区,也可以为亚太地区的机动用户播发气象数据信息。该项目由日本气象局和日本交通部于 1996 年开始实施。

5. 印度 GPS 辅助静止轨道增强导航系统

印度的 GPS 辅助静止轨道增强导航系统(GAGAN)是由印度空间组织(ISRO)和印度航空管理局(AAI)联合组织开发。GAGAN 系统的空间段由 3 颗位于印度洋上空的 GEO 卫星构成,采用 C 频段和 L 频段,其中 C 频段主要用于测控,L 频段与 GPS 的 L1(1 575.42 MHz)和 L5(1 176.45 MHz)频率完全相同,用于播发导航信息,并可与 GPS 兼容和互操作。空间信号覆盖整个印度大陆,能为用户提供 GPS 信号和差分修正信息,用于改善印度机场和航空应用的 GPS 定位精度和可靠性。

1.5 卫星导航快速入门

1.5.1 卫星导航基本原理

目前运行的全球定位系统,尽管它们提供的功能有所差别,但是在最基本的卫星导航定位服务上,它们的原理都是相同的,即卫星三角定位原理。

卫星三角定位原理是借助由卫星发射的测距信号来确定位置,即将空间中的卫星作为已知点,测量卫星到地面点的距离,再通过距离来确定接收设备在地球表面或空中的位置。

以北斗卫星导航系统为例,北斗卫星不断传送包含卫星位置的轨道信息和卫星所携带的原子钟产生的精确时间信息,同时发射测距信号。北斗接收机上有一个专门接收无线电信号的接收器,同时也有自己的时钟。当接收机收到一颗卫星传来的信号时,接收机可以测定该卫星离用户的空间距离,用户就位于以观测卫星为球心,以观测距离为半径的球面与地球表面相交的圆弧的某一点;当接收机观测到第二颗卫星的信号时,以第二颗卫星为球心,以第二个观测距离为半径的球面也与地球表面相交为一个圆弧,上述两个圆弧在地球表面会有两个交会点,还不能确定出用户唯一的位置;当接收机观测到第三颗卫星的信号时,以第三颗卫星为球心,以第三个观测距离为半径的球面也与地球表面相交为一个圆弧,上述三个圆弧在地球表面相交于一点,该点即为北斗接收机所在的位置,如图1.10所示。

由卫星三角定位原理可知,求解接收机的三维坐标的3个未知数,只需要3颗卫星。但是由于接收机内部的时钟有误差,即接收机钟误差,会使测得的距离含有误差。当每秒钟的时间误差为百万分之一时,所带来的位置误差会达到300 m以上。接收机内的时钟是用石英晶体振荡器实现的,必须用卫星上搭载的原子钟作为同步标准才能确保定位的精度(曹冲,2010)。我们需要解算出卫星钟和接收机钟这两个时钟的真正时间差,否

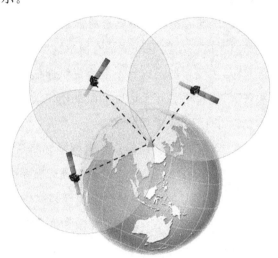

图1.10　卫星三角定位

则便无法算出传播时间,也无法根据传播时间来反算传播距离,最终便无法定位。因此定位时要求接收机至少同步接收到4颗卫星的观测值才能同时确定接收机所在的空间位置及接收机钟差。

1.5.2　距离测量原理

几乎可以肯定,每个人从小大家都曾经干过一件事情,那就是当我们看到了闪电,然后开始数还有几秒能听到打雷的声音,这样就能计算出你与闪电之间的距离。这个距离计算起来非常容易:距离=听到雷声的时刻(终止时刻)减去看到闪电的时刻(起始时刻)再乘以声音在空气中传播的速度(约340 m/s)。终止时刻与起始时刻之差就是信号传播时间。这种情况下,空气中传播的声波(打雷声)就是信号。即:

$$距离 = 信号传播时间 \times 声速$$

确定卫星到接收机之间的距离与确定你与闪电的距离的原理类似,北斗卫星的信

号是电磁波,利用从卫星到接收机之间的信号传播时间 t 乘以电磁波在大气中传播的速度 c(约 300 000 000 m/s),就能得到卫星到接收机的距离,即:

$$D = c \cdot t$$

我们知道,电磁波在真空中传播的速度 $c_0 = 299\ 792\ 458$ m/s。由于大气折射效应,电磁波在大气层中的传播速度 c 虽然会受到影响,但仍可以通过数学和物理的方法获取精确的传播速度。因此,为了测定卫星到接收机的距离,就需要测量精确的信号传播时间。换句话说,距离的确定是通过测量卫星信号由卫星到达接收机的信号传播时间(即时间间隔)来实现的。

1.5.3 信号传播时间及其误差

全球卫星导航系统中的卫星在较高的轨道围绕地球运动。例如北斗导航系统需要 30 颗卫星,包括 3 颗倾斜地球同步轨道(IGSO)卫星、3 颗地球静止轨道(GEO)卫星和 24 颗地球中轨道(MEO)卫星,其中,地球中轨道卫星均匀分布在 3 个轨道面上。GPS 系统需要 24 颗卫星,均匀分布在距离地表约 20 200 km 的 6 个 MEO 轨道面上。这些分布方式均能确保在地面上任意一点可同时观测到至少 4 颗卫星。

原子钟是目前最精确的时间计量仪器,每 100 万年的误差不超过 1 s。这些卫星上均搭载有原子钟,可确保卫星时间系统的高精度。由于原子钟价格昂贵,接收机通常配备的是石英钟,这就会造成接收机时间和卫星时间不同步。为了精确测量信号传播时间,需要将观测到的第四颗卫星信号作为确定时间的参照,从而修正由接收机钟差引起的距离误差。

由于所有卫星搭载的原子钟都是同步的,因此同一接收机 3 次测量的信号传播时间的误差相同,此时我们把接收机钟差作为未知数,可以用数学的方法求解。设三维空间里有 4 个未知数,分别是接收机的三维坐标(经度 X,纬度 Y,高程 Z)和接收机钟差(Δt),这 4 个未知数需要 4 个方程求解,只需观测 4 颗卫星的信号就能列出方程求解。

构建全球卫星导航系统时,有意将其设计成地球上任意一点至少可以"看"到 4 颗卫星,

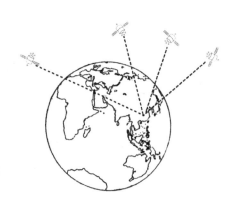

图 1.11 三维空间测定位置
需要 4 颗卫星

如图 1.11。因此即便接收机的时钟不准确造成时间误差,计算出的位置精度仍可达到 5~10 m(Zogg J, 2011)。

参 考 文 献

北斗卫星导航系统,2017.北斗卫星导航系统介绍[EB/OL].[2019-03-23].http://www.beidou.gov.cn/xt/xtjs/201710/t20171011_280.html

曹冲,2010.卫星导航常用知识问答[M].北京:电子工业出版社.

曹冲,陈勰,李冬航,2011.北斗伴咱走天下[M].北京:中国宇航出版社.

房建成,宁晓琳,2006.天文导航原理及应用.北京:北京航空航天大学出版社.

刘基余,2007.GPS卫星导航定位原理与方法[M].北京:科学出版社.

王博.2018.卫星导航定位系统原理与应用[M].北京:科学出版社.

王丽娜,王兵,2014.卫星通信系统[M].2版.北京:国防工业出版社.

魏子卿,吴富梅,刘光明,2019.北斗坐标系[J].测绘学报,48(7):805-809.

吴海涛,李孝辉,卢晓春,等,2011.卫星导航系统时间基础[M].北京:科学出版社.

杨元喜,2010.北斗卫星导航系统的进展、贡献与挑战[J].测绘学报,39(1):1-6.

袁树友,2017.上曜星月:中国北斗100问[M].北京:解放军出版社.

曾庆化,刘建业,赵伟,等,2014.全球导航卫星系统[M].北京:国防工业出版社.

赵爽,2015.国外卫星导航增强系统发展概况[J].卫星应用,40(4):34-39.

郑加柱,王永弟,石杏喜,等,2014.GPS测量原理及应用[M].北京:科学出版社.

中国卫星导航系统管理办公室,2018.北斗卫星导航系统发展报告(3.0版)[R].北京:中国卫星导航系统管理办公室.

中国卫星导航系统管理办公室,2019.北斗卫星导航系统应用服务体系(1.0版)[R].北京:中国卫星导航系统管理办公室.

BRAY H,2018.人类找北史[M].张若剑,等译.北京:电子工业出版社.

ZOGG J,2011.GPS卫星导航基础[M].北京:航空工业出版社.

思 考 题

1. 全球卫星导航系统由哪四大系统组成?

2. 常用的导航定位技术有哪些?

3. 什么是GNSS?

4. 与其他GNSS系统相比,北斗导航系统有哪些独特的优势?

5. 北斗卫星导航定位系统由哪三部分组成?

6. 卫星导航定位的基本原理是什么?

7. 卫星导航定位中测距的原理是什么?

第 2 章

坐标系统与时间系统

北斗卫星导航系统是通过接收机观测到的北斗卫星信号来确定物体在空间中的位置、姿态及其运动轨迹。而对这些特征的描述都是建立在某一个特定的空间框架和时间框架之上的,所谓空间框架就是通常所说的坐标系统,时间框架就是时间系统(郑加柱 等,2014)。

由于接收机通常安置在地球表面,其空间位置随地球的自转而变动,而北斗卫星围绕地球质心旋转且与地球自转无关。因此,在北斗卫星导航定位过程中,需要建立两类坐标系统,即天球坐标系与地球坐标系。天球坐标系是一种惯性坐标系,其坐标原点及各坐标轴指向在空间保持不变,用于描述卫星运行位置和状态,该坐标系与地球自转无关。地球坐标系则是与地球相关联的坐标系,用于描述地面点的位置。

2.1 天球坐标系

2.1.1 天球的基本概念

天球,是指以地球质心 M 为球心、半径 r 为任意长的一个假想球体(图2.1)。在天文学中,通常将天体投影到天球的球面上,并利用球面坐标来表达或研究天体的位置及其相互关系。为了建立球面坐标系统,必须确定球面上的一些参考点、线、面和圈。在卫星导航定位系统中,为描述卫星的位置,首先应了解以下这些概念。

(1)天极

地球自转轴两端无限延长到天球

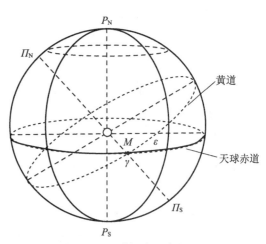

图 2.1 天球概念示意图

上,与天球相交两点,对应于地球北极的一点 P_N 称为北天极,对应于地球南极的一点 P_S 称为南天极,连接 P_N 与 P_S 的直线称为天轴。

（2）天球赤道

通过地球质心 M 并与天轴垂直的平面称为天球赤道面,此面与天球相交的大圆称为天球赤道。天球赤道面与地球赤道面是重合的,也就是说将地球赤道面无限地扩展到天球上,即为天球赤道。天球赤道把天球等分成北天半球和南天半球。

（3）天球子午圈

包含天轴并通过天球上任意一点的平面称为天球子午面,此面与天球相交的大圆称为天球子午圈。

（4）时圈

通过天轴的平面与天球相交的半个大圆称为时圈。

（5）黄道与黄极

地球绕太阳公转轨道平面与天球相交的大圆称为黄道,即当地球绕太阳公转时,地球上的观测者所见到的太阳在天球上运动的轨迹。黄道与天球赤道成 $23°26'$ 的交角,称黄赤交角 ε。通过天球中心且垂直于黄道面的直线与天球的交点称为黄极,靠近北天极的交点 Π_N 称为黄北极,靠近南天极的交点 Π_S 称为黄南极。

（6）春分点

当太阳在黄道上从北天半球向南天半球运行时,黄道与天球赤道的交点 γ 称为春分点。

2.1.2 瞬时天球坐标系

天球坐标系是以春分点和天球赤道面为重要基准点和基准面而建立的。任意天体 s 的位置,在天球坐标系中,可分别用天球球面坐标系和天球空间直角坐标系两种形式来描述。

在天球球面坐标系中,天体 s 的位置可用赤经 α、赤纬 δ 和向径 r 来表示,即天体 s 的坐标表示为 (α, δ, r)。如图 2.2 所示,天球球面坐标系的坐标原点位于地球质心 M,赤经 α 为天体所在天球子午面与春分点所在天球子午面之间的夹角;赤纬 δ 为天体到坐标原点的连线与天球赤道面之间的夹角;向径 r 为天体至坐标原点的距离。

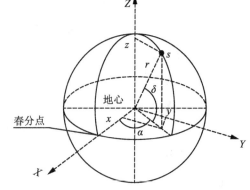

图 2.2　天球坐标系

天球空间直角坐标系的坐标原点也位于地球的质心 M，Z 轴指向北天极 P_N，X 轴指向春分点 γ，Y 轴垂直于 XMZ 平面，与 X 轴和 Z 轴构成右手坐标系。在天球空间直角坐标系中，天体 s 的位置可表示为 (X,Y,Z)。

对同一天体，天球空间直角坐标系与天球球面坐标系之间可以进行相互转换，转换公式如式(2.1.1)、式(2.1.2)所示：

$$\begin{bmatrix} X \\ Y \\ Z \end{bmatrix} = r \begin{bmatrix} \cos\delta \cdot \cos\alpha \\ \cos\delta \cdot \sin\alpha \\ \sin\delta \end{bmatrix} \tag{2.1.1}$$

$$\begin{cases} r = \sqrt{X^2 + Y^2 + Z^2} \\ \alpha = \arctan\dfrac{Y}{X} \\ \delta = \arctan\dfrac{Z}{\sqrt{X^2 + Y^2}} \end{cases} \tag{2.1.2}$$

应该指出，上述天球坐标系的建立是以地球为均质的球体，且没有其他天体摄动力影响为基础，即假定地球的自转轴在空间方向上是固定的，春分点在天球上的位置也保持不变，因此称为瞬时天球坐标系。

2.1.3　岁差与章动的影响

地球本身就像一个巨大的陀螺，它的自转可以使自己像陀螺一样保持轴向的稳定性，但是地球本身并非质量均匀的球体，由于离心力的作用，地球赤道略鼓、两极稍扁，而且地球自转轴与公转面并非垂直，所以太阳对地球在公转过程中的引力是不均匀的，再加上月球和其他天体引力的影响，使得地球也产生了陀螺一样的进动现象，表现为地球自转轴围绕公转轨道面垂直线(黄轴)产生旋转，地球的进动表现在天文学上叫岁差现象。地球进动的方向与地球公转方向相反，反映在视觉上就是天极围绕黄极顺时针旋转(从北天极上方观察为顺时针)，同时春分点逐渐沿黄道向西偏移，每年西移 $50.2''$，25 800 年移动一周。

在岁差的影响下，这种顺时针规律运动的北天极称为瞬时平北天极(简称平北天极)，相应的天球赤道和春分点称为瞬时天球平赤道和瞬时平春分点。

另外，由于月球绕地球公转，则有一扰动力作用，使得地球自转轴在空间画一小椭圆，引起天极在围绕黄极旋转的同时，做波浪式的运动。这种运动可以看作是天极在一个运动着的平均位置做短周期微小摆动，叫作章动，摆动的振幅约为 $9.21''$，周期约为 18.6 年。在章动的影响下，观测时的北天极称为瞬时北天极(或真北天极)，相应的天球赤道和春分点称为瞬时天球赤道和瞬时春分点（或真天球赤道和真春分点）。

在岁差和章动的共同影响下，瞬时北天极绕黄极旋转的轨迹如图2.3所示。

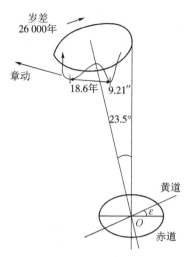

图 2.3　岁差和章动的影响

2.1.4　协议天球坐标系及其转换

由于岁差和章动的影响，北天极和春分点是运动的。在建立天球坐标系时，坐标轴指向不断变化，给天体位置的描述带来不便，而且在这种非惯性坐标系统中，不能直接根据牛顿力学定律研究卫星的运动规律。因此，人们通常选择某一时刻 t_0 作为标准历元，并将此刻地球的瞬时自转轴（指向北极）和地心至瞬时春分点的方向，经过该瞬时岁差和章动改正后作为 Z 轴和 X 轴，由此构成的空固坐标系称为所取标准历元的平天球坐标系，或协议天球坐标系，也称协议惯性坐标系（Conventional Inertial System，CIS）。国际大地测量学协会（International Association of Geodesy，IAG）和国际天文学联合会（International Astronomical Union，IAU）决定，从1984年1月1日起，以2000年1月15日为标准历元。

为了将协议天球坐标系的坐标转换为观测历元 t 的瞬时天球坐标系，通常分两步进行：首先将协议天球坐标系中的坐标换算到观测瞬间的平天球坐标系统，再将瞬时平天球坐标系的坐标转换到瞬时天球坐标系统。

（1）将协议天球坐标系转换为瞬时平天球坐标系（岁差旋转）

以 $(X,Y,Z)_{CIS}$ 和 $(X,Y,Z)_{MT}$ 分别表示天体在协议天球坐标系和瞬时平天球坐标系中的坐标，因两坐标系原点同为地球质心，差别仅在于岁差引起的坐标轴指向不同，所以只要将协议天球坐标系的坐标轴加以旋转，便可转换为瞬时平天球坐标系，转换公式如下：

$$\begin{bmatrix} X \\ Y \\ Z \end{bmatrix}_{MT} = \mathbf{R}_Z(-\varphi)\mathbf{R}_Y(\theta)\mathbf{R}_Z(-\tau) \begin{bmatrix} X \\ Y \\ Z \end{bmatrix}_{CIS} \tag{2.1.3}$$

其中，

$$\mathbf{R}_Z(-\varphi) = \begin{bmatrix} \cos\varphi & -\sin\varphi & 0 \\ \sin\varphi & \cos\varphi & 0 \\ 0 & 0 & 1 \end{bmatrix}$$

$$\boldsymbol{R}_Y(\theta) = \begin{bmatrix} \cos\theta & 0 & -\sin\theta \\ 0 & 1 & 0 \\ \sin\theta & 0 & \cos\theta \end{bmatrix}$$

$$\boldsymbol{R}_Z(-\tau) = \begin{bmatrix} \cos\tau & -\sin\tau & 0 \\ \sin\tau & \cos\tau & 0 \\ 0 & 0 & 1 \end{bmatrix}$$

式中,φ、θ、τ 分别为与岁差有关的三个旋转角,其值由观测历元 t 与标准历元 t_0 之间的时间差计算,计算公式如下(单位:°):

$$\tau = 0.640\ 616\ 1(t-t_0) + 0.000\ 083\ 9\ (t-t_0)^2 + 0.000\ 005\ 0\ (t-t_0)^3$$

$$\varphi = 0.640\ 616\ 1(t-t_0) + 0.000\ 304\ 1(t-t_0)^2 + 0.000\ 005\ 1(t-t_0)^3$$

$$\theta = 0.640\ 616\ 1(t-t_0) - 0.000\ 118\ 5(t-t_0)^2 + 0.000\ 011\ 6(t-t_0)^3$$

$$(2.1.4)$$

(2) 将瞬时平天球坐标系转换为瞬时天球坐标系(章动旋转)

以 $(X,Y,Z)_\mathrm{T}$ 表示瞬时天球坐标系的坐标,则它与瞬时平天球坐标系之间的转换公式为:

$$\begin{bmatrix} X \\ Y \\ Z \end{bmatrix}_\mathrm{T} = \boldsymbol{R}_X(-\varepsilon-\Delta\varepsilon)\boldsymbol{R}_Z(-\Delta\Psi)\boldsymbol{R}_X(\varepsilon)\begin{bmatrix} X \\ Y \\ Z \end{bmatrix}_\mathrm{MT} \qquad (2.1.5)$$

式中,ε 为观测历元的平黄赤交角,$\Delta\Psi$、$\Delta\varepsilon$ 分别为黄经章动和交角章动。

2.2　地球坐标系

2.2.1　瞬时地球坐标系

由于天球坐标系与地球自转无关,这样,地球上任一固定点在天球坐标系的坐标随着地球自转而变化,在实际应用中极不方便。为了便于描述地面固定点的位置,必须建立与地球相固连的坐标系,即地球坐标系。该坐标系也有两种表示形式,即大地坐标系和空间直角坐标系。

大地坐标表示地面点在参考椭球面上的位置,地面上任一点可用大地经度 L、大地纬度 B 和大地高 H 来表示。如图 2.4 所示,过地面上任一点 P 的子午面与起始子午面的夹角,称之为该点的大地经度 L,并规定大地经度由起始子午面起算,向东称之为东经,向西称之为西经,其取值范围均为 $0°\sim180°$。过 P 点的法线与赤道面的夹角,称之为该点的大地纬度 B,并规定由赤道面向北称之为北纬,向南称之为南纬,其取值范围均为 $0°\sim90°$。沿 P 点的椭球法线到椭球体面的距离称之为大地高 H。以椭球体面起算,高出椭球体面为正,低于椭球体面为负。

空间直角坐标系的定义是:原点 O 位于椭球体中心,Z 轴与椭球体的旋转轴重合并指向地球北极,X 轴指向起始子午面与赤道面的交点 E,Y 轴垂直于 XOZ 平面构成右手坐标系。在该坐标系中,P 点的位置可用其在各坐标轴上的投影 x,y,z 来表示,如图 2.4 所示。

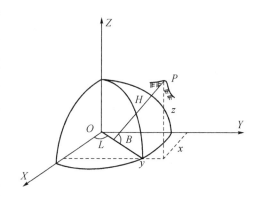

图 2.4　地球大地坐标系与空间直角坐标系

地面上任一点 P 的大地坐标与空间直角坐标之间可以进行相互转换。由大地坐标转换为空间直角坐标的换算关系为:

$$\begin{cases} x = (N+H)\cos B\cos L \\ y = (N+H)\cos B\sin L \\ z = [N(1-e^2)+H]\sin B \end{cases} \quad (2.2.1)$$

式中,N 为椭球体的卯酉圈曲率半径;e 为椭球体的第一偏心率。其中,

$$e^2 = \frac{a^2-b^2}{a^2}; \quad N = \frac{a}{w}; \quad w = (1-e^2\sin^2 B)^{1/2}$$

若由空间直角坐标转换为大地坐标时,通常可用式(2.2.2)来转换:

$$\begin{cases} B = \arctan\left[\tan\phi\left(1+\dfrac{ae^2}{z}\dfrac{\sin B}{w}\right)\right] \\ L = \arctan\left(\dfrac{y}{x}\right) \\ H = \dfrac{R\cos\phi}{\cos B}-N \end{cases} \quad (2.2.2)$$

式中,

$$\phi = \arctan\left[\frac{z}{(x^2+y^2)^{1/2}}\right]$$
$$R = [x^2+y^2+z^2]^{1/2}$$

当用式(2.2.2)计算大地纬度 B 时,一般采用迭代法。迭代时取 $\tan B_1 = \dfrac{z}{\sqrt{x^2+y^2}}$,用 B 的初始值 B_1 计算 N_1 和 $\sin B_1$,然后按式(2.2.2)进行二次迭代,直到最后两次 B 值之差小于允许值为止。

2.2.2 地极移动

地球不是刚体,其内部质量密度不均匀,在地幔对流以及其他物质迁移的影响下,地球自转轴相对于地球体的位置并不固定,因而地极点在地球表面上的位置是随时间而变化的,这种运动称为地极移动,简称极移。

大量的观测资料分析表明,极移包括两个主要的周期成分:一个是近于 14 个月的周期,振幅约为 $0.2''$,称为张德勒项,这是弹性地球的自由摆动;另一个周期为 1 年,振幅约为 $0.1''$,称为周年项,这是由大气环流引起的受迫摆动。

在研究极移规律时,往往选取一个平面直角坐标系来代替球面坐标系,以达到简化的目的。假设通过地面上的地极的平均位置(即平极 $\overline{P_n}$)做一切平面,在此平面内以平极为原点,X 轴指向格林尼治子午线方向,沿格林尼治子午面以西 $90°$ 的子午线方向取为 Y 轴。瞬时地极 P 在此坐标系中的坐标为 (x_P, y_P),称为地极坐标。这时应注意的是,此坐标系与常用的笛卡儿坐标系不同,它是一个左旋坐标系,如图 2.5 所示。地极坐标随时间而变化,这种变化反映了地极移动。

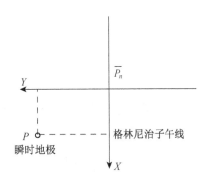

图 2.5 地极坐标系

1967 年国际天文学联合会和大地测量学协会决定采用国际上 5 个纬度服务站,以 1900 年至 1905 年的平均纬度所确定的平均地极位置作为基准点,平极的位置相应于上述期间地球自转轴的平均位置,通常称为国际协议原点(Conventional International Origin,CIO)。在地极坐标系下,任一历元 t 的瞬时地极坐标 (x_P, y_P) 由国际地球自转服务组织(International Earth Rotation Service,IERS)推算并定期向用户公布。

在建立地球坐标系时,极移将会造成地球坐标系坐标轴的指向发生变化,观测历元 t 时刻所建立的地球坐标系就称为瞬时地球坐标系。显然,瞬时地球坐标系并未与地球固连,地面固定点在瞬时地球坐标系中的位置也是变化的,由此会给实际工作造成许多困难。

2.2.3 协议地球坐标系与国际地球参考框架

以协议地极为基准点的地球坐标系称为协议地球坐标系（Conventional Terrestrial System，CTS）。极移现象引起地球瞬时坐标系相对协议地球坐标系的旋转，如果以$(X,Y,Z)_{CTS}$和$(X,Y,Z)_T$分别表示协议地球空间直角坐标系和观测历元t的瞬时地球空间直角坐标系，它们之间可通过下列公式进行转换：

$$\begin{bmatrix} X \\ Y \\ Z \end{bmatrix}_{CTS} = \boldsymbol{M} \begin{bmatrix} X \\ Y \\ Z \end{bmatrix}_T \tag{2.2.3}$$

其中，$\boldsymbol{M} = \boldsymbol{R}_Y(-x_P)\boldsymbol{R}_X(-y_P)$，$(x_P,y_P)$为瞬时地极坐标。

由于地极坐标为微小量，若取至一次微小量，则有：

$$\boldsymbol{M} = \begin{bmatrix} 1 & 0 & x_P \\ 0 & 1 & -y_P \\ -x_P & y_P & 1 \end{bmatrix}$$

国际地球参考系（International Terrestrial Reference System，ITRS）是一个特定的协议地球参考系（Conventional Terrestrial Reference System，CTRS），它的定义为：坐标原点在整个地球质量包括海洋和大气的中心，长度单位为米，坐标轴方向的初始值采用国际时间局（BIH）给出的 1984.0 的方向，在采用相对于整个地球的水平板块运动没有净旋转条件下，确定方向随时间的演变。国际地球参考框架（International Terrestrial Reference Frame，ITRF）是国际地球参考系的实现。

ITRF 是由国际地球自转服务组织 IERS 建立和维持的，它是由一组固定于地球表面而且假定只做线性运动的观测站点的坐标及坐标变化速率组成。通过甚长基线干涉测量 VLBI、卫星激光测距 SLR、月球激光测距 LLR、GPS、多普勒定轨和无线电定位 DORIS 等多种空间观测技术对这些观测站进行空间大地测量，并对观测数据进行综合处理与分析，由此解算出各观测站在某一历元的坐标和速度场。

IERS 自 1988 年 1 月 1 日成立以来，每年将全球各观测站的观测数据进行综合处理和分析，得到一个 ITRF，并以 IERS 年报和 IERS 技术备忘录的形式发布，前后相继发布了 ITRF88～ITRF94、ITRF96、ITRF97、ITRF2000、ITRF2005、ITRF2008 和 ITRF2014 共 13 个版本的参考框架。原点、尺度、定向及其随时间的演变是实现地球参考框架的必备要素，称之为基准。给定一套基准，就确定了一个地球参考框架。在建立和维持 ITRF 框架的过程中，由于采用的空间观测技术方法和考虑的问题不同，不同时期的 ITRF 对基准的定义也不相同。

1. ITRF88~ITRF93 框架定义

原点和尺度:由所选定的 SLR 解的平均值确定。

定向:ITRF88~ITRF92 与 BTS87 坐标系(1987 年国际时间局利用 VLBI、SLR 和卫星多普勒测量资料建立的一种坐标系)定向一致;ITRF93 的定向和变率与 IERS 的地球定向参数(Earth Orientation Parameter,EOP)一致。

2. ITRF94、ITRF96、ITRF97 框架定义

原点:由所选定的 SLR 解与 GPS 解的加权平均值来确定。

尺度:由 VLBI、SLR 和 GPS 解的加权平均值来确定,加入了 0.7×10^{-9} 尺度改正。

定向:与 ITRF92 保持一致。

3. ITRF2000 框架定义

原点:SLR 解的加权平均值所对应的原点与 ITRF 的原点间的平移参数及其变率均设为零。

尺度:将 VLBI 和所有可靠的 SLR 解的加权平均值的尺度与 ITRF 的尺度之间的尺度比和尺度比的变率均设为零。

定向:与历元 1997.0 时的 ITRF 定向一致。

4. ITRF2005 框架定义

原点:原点位置及位置的变率与国际激光测距服务(International Laser Ranging Service,ILRS)的时间序列所给出的结果一致。

尺度:与国际 VLBI 服务 IVS 的时间序列所给出的结果一致。

定向:三个坐标轴的指向及其变率与 ITRF2000 的指向及其变率一致。

5. ITRF2008 框架定义

原点:在历元 2005.0 时刻 ITRF2008 与 ILRS 的 SLR 时间序列间的平移参数及速率为零。

尺度:在历元 2005.0 时刻 ITRF2008 与 VLBI 和 SLR 的尺度因子及其速率为零。

定向:在历元 2005.0 时刻 ITRF2008 与 ITRF2005 间的旋转参数及其速率为零。

ITRF2008 给出了 2005.0 时刻的坐标和速度场,并发布于 ITRF 官方网站。

6. ITRF2014 框架定义

原点:仅由 SLR 数据确定。在历元 2010.0 下,ITRF2014 坐标原点相对于 ILRS 的 SLR 长期解的平移与平移变化率为零。

尺度:由 SLR 与 VLBI 联合确定。在历元 2010.0 下,相对于 VLBI 和 SLR 的尺度与尺度变化率为零。

定向:遵循地壳整体无旋转条件。在历元 2010.0 下,ITRF2014 相对于 ITRF2008

的旋转参数与旋转速率为零。

ITRF 采用的地球椭球基本参数为：

长半轴	$a = 6\ 378\ 136.6$ m
扁率	$f = 1/298.256\ 42$
地球引力常数	$GM = 3.986\ 004\ 418 \times 10^{14}$ m³/s²
地球自转角速度	$\omega = 7.292\ 115 \times 10^{-5}$ rad/s

2.2.4 协议地球坐标系与协议天球坐标系的转换

在卫星导航定位测量中，通常在协议天球坐标系中研究卫星运动轨道，而在协议地球坐标系中研究地面点的坐标，为确定地面点的位置，需要将卫星在协议天球坐标系中的坐标转换为协议地球坐标系中的坐标，转换步骤为：

第一步：协议天球坐标系转换至瞬时平天球坐标系；

第二步：瞬时平天球坐标系转换至瞬时天球坐标系；

第三步：瞬时天球坐标系转换至瞬时地球坐标系；

第四步：瞬时地球坐标系转换至协议地球坐标系。

以上步骤中，除第三步外，其他步骤的转换方法之前均已述及，此处只介绍第三步的转换方法。

由瞬时天球坐标系和瞬时地球坐标系的定义可知，两坐标系的原点均位于地球的质心，Z 轴指向一致，X 轴指向不同，两者在赤道上有一夹角，角值为春分点的格林尼治恒星时。若春分点的格林尼治恒星时以 GAST（Greenwich Apparent Sidereal Time，GAST）表示，则瞬时天球坐标系与瞬时地球坐标系之间的转换公式为：

$$\begin{bmatrix} X \\ Y \\ Z \end{bmatrix}_{T(\text{地})} = \boldsymbol{R}_Z(GAST) \begin{bmatrix} X \\ Y \\ Z \end{bmatrix}_{T(\text{天})} \tag{2.2.4}$$

其中，

$$\boldsymbol{R}_Z(GAST) = \begin{bmatrix} \cos(GAST) & \sin(GAST) & 0 \\ -\sin(GAST) & \cos(GAST) & 0 \\ 0 & 0 & 1 \end{bmatrix}$$

2.3 常用的 GNSS 坐标系

各个全球卫星导航定位系统都有自己的坐标系统，例如美国 GPS 使用 WGS84 坐标系,俄罗斯 GLONASS 使用 PZ90 坐标系,中国北斗系统使用 BDCS 坐标系。这些坐标系都属于协议地球坐标系(CTS)中的一种(田建波 等,2016)。

2.3.1　WGS84 坐标系

WGS84 是 1984 世界大地坐标系(World Geodetic System)的简称。它是美国国防制图局于 1984 年建立的,是协议地球参考系中的一种。

WGS84 坐标系使用协议地面参考系(CTRS),坐标原点为地球质心,其地心空间直角坐标系的 Z 轴指向国际时间局(BIH)1984.0 定义的协议地极(CTP)方向,X 轴指向 BIH1984.0 的协议子午面和 CTP 赤道的交点,Y 轴与 Z 轴、X 轴垂直构成右手坐标系。

WGS84 坐标系采用的地球椭球基本参数为:

长半轴　　　　　　　$a = 6\ 378\ 137\ \mathrm{m}$

扁率　　　　　　　　$f = 1/298.257\ 223\ 563$

地球引力常数　　　　$GM = 3.986\ 004\ 418 \times 10^{14}\ \mathrm{m^3/s^2}$

地球自转角速度　　　$\omega = 7.292\ 115 \times 10^{-5}\ \mathrm{rad/s}$。

2.3.2　PZ90 坐标系

GLONASS 卫星导航系统在 1993 年以前采用苏联的 1985 年地心坐标系,简称 SGS-85,1993 年后改用 PZ90 坐标系,其定义为:坐标原点位于地球质心;Z 轴指向 IERS 推荐的协议地极原点,即 1900—1905 年的平均北极;X 轴指向地球赤道与 BIH 定义的零子午线交点;Y 轴满足右手坐标系。由该定义可知,PZ90 与 ITRF 框架是一致的。

PZ90 坐标系采用的地球椭球基本参数为:

长半轴　　　　　　　$a = 6\ 378\ 136\ \mathrm{m}$

扁率　　　　　　　　$f = 1/298.257\ 839\ 303$

地球引力常数　　　　$GM = 3.986\ 004\ 4 \times 10^{14}\ \mathrm{m^3/s^2}$

地球自转角速度　　　$\omega = 7.292\ 115 \times 10^{-5}\ \mathrm{rad/s}$

2.3.3　Galileo 坐标系

Galileo 坐标系是基于 Galileo 地球参考框架(GTRF)的 ITRF96 大地坐标系,其定义为:原点位于地球质心,Z 轴指向 IERS 推荐的协议地球原点(CTP)方向,X 轴指向地球赤道与 BIH 定义的零子午线交点,Y 轴满足右手坐标系。

Galileo 坐标系采用的地球椭球基本参数为：

长半轴　　　　　　　$a=6\ 378\ 136.55$ m

扁率　　　　　　　　$f=1/298.257\ 69$

地球引力常数　　　　$GM=3.986\ 004\ 415\times10^{14}$ m^3/s^2

地球自转角速度　　　$\omega=7.292\ 115\times10^{-5}$ rad/s

2.3.4　北斗卫星导航系统坐标系

经国务院批准，我国自 2008 年 7 月 1 日起，启用 2000 国家大地坐标系（China Geodetic Coordinate System 2000，CGCS2000）。2000 国家大地坐标系为地心坐标，其定义：以 ITRF97 参考框架为基准，原点位于地球质心；Z 轴指向历元 2000.0 的地球参考极的方向，X 轴指向格林尼治参考子午线与地球赤道面（历元 2000.0）的交点，Y 轴与 Z 轴、X 轴构成右手正交坐标系。

根据 2013 年 12 月发布的北斗卫星导航系统空间信号接口控制文件，北斗导航系统的坐标系最初采用的是 CGCS2000（中国卫星导航系统管理办公室，2013）。CGCS2000 是我国的国家大地坐标系，国家大地坐标系具有较长时期的不变性，而导航系统的坐标系往往要求较短的更新周期（通常是几年）。倘若导航系统的坐标系紧紧捆绑于国家坐标系，势必给导航坐标系的及时更新带来极大麻烦，甚至成为不可能（魏子卿，2013；魏子卿等，2019）。从长远观点来看，一个卫星导航系统应该采用属于自己的专用坐标系，GPS、GLONASS、Galileo 均是如此。因此，2017 年 12 月，中国卫星导航系统管理办公室发布的《北斗卫星导航系统空间信号接口控制文件公开服务信号 B2a（1.0 版）》正式规定，北斗导航系统采用专用坐标系——BDCS（BeiDou Coordinate System）（中国卫星导航系统管理办公室，2017）。

BDCS 坐标系定义为：原点位于地球质量中心；Z 轴指向 IERS 参考极方向，X 轴为 IERS 参考子午面与通过原点且同 Z 轴正交的赤道面的交线，Y 轴与 Z、X 轴构成右手直角坐标系。BDCS 属于笛卡儿坐标系，采用 CGCS2000 参考椭球，椭球基本参数为：

长半轴　　　　　　　$a=6\ 378\ 137$ m

扁率　　　　　　　　$f=1/298.257\ 222\ 101$

地球引力常数　　　　$GM=3.986\ 004\ 418\times10^{14}$ m^3/s^2

地球自转角速度　　　$\omega=7.292\ 115\times10^{-5}$ rad/ s

2.4　时　间　系　统

人类对时间的认识,其根源来自日常生活中事件的发生次序,从生活中总结出时间的观念。探究时间概念的由来,可从公认的时间单位"日""月"和"年"说起。自人类诞生,人们通过观察太阳的东升西落,感受着昼夜轮回现象,逐渐形成了"日"的概念;然后人们通过观察月亮的圆缺,逐渐形成了"月"的概念;通过四季的重复变化,逐渐形成了"年"的概念。这就是人类最初对时间的认识,以后逐步认识到这是地球自转的表现。后来,人们从春夏秋冬、日月星辰轮回现象的背后认识了地球在绕太阳公转这一事物,并把地球公转一周的过程定义为一年时间。

时间包含"时刻"和"时间间隔"两个概念。所谓时刻,即发生某一现象的瞬间,在天文学和卫星定位中,所获数据对应的时刻也称历元。时间间隔,是指发生某一现象所经历的过程,是这一过程始末的时刻之差。对于时间间隔测量,称为相对时间测量,而时刻测量相应地称为绝对时间测量。

时间测量需要有一个标准的公共尺度,称为时间基准。时间基准包括两个基本要素:第一是确定时间间隔的单位(尺度),如"日""年"或"秒";第二是时间的始点(起始历元)。一般来讲,任何一个周期运动现象,只要符合以下要求,都可作为时间基准:

(1) 运动应是连续的,具有周期性;

(2) 运动的周期应具有充分的稳定性;

(3) 运动的周期必须具有复现性,即在任何地方和时间,都可以通过观测和实验,复现这种周期性运动。

在空间科学技术中,时间系统是精确描述天体和人造天体运行位置及其相互关系的重要基准,也是人类利用卫星进行定位的重要基准。例如,北斗卫星作为一个高空观测目标,其位置是不断变化的,在给出卫星运行位置的同时,必须给出相应的时刻。若要求北斗卫星的位置误差小于 1 cm 时,则相应的时刻误差应小于 2.6×10^{-6} s。由此可见,利用北斗卫星进行精密的导航和测量,尽可能获得高精度的时间信息,其意义至关重要。在卫星导航定位中,通常采用的时间基准有世界时、原子时、协调世界时等。

2.4.1　世界时系统

世界时系统是以地球自转为基准的一种时间系统。由于观察地球自转运动时,所选的空间参考点不同,世界时系统又分为恒星时、平太阳时和世界时。

1. 恒星时

以春分点为参考点,由春分点的周日视运动确定的时间,称为恒星时(Sidereal Time,ST)。春分点连续两次通过本地子午圈的时间间隔为一个恒星日,一个恒星日含 24 个恒星时。由此可见,恒星时在数值上等于春分点相对于本地子午圈的时角。由于恒星时是以春分点通过本地子午圈时为原点计算的,同一瞬间对不同测站的恒星时不同,所以恒星时具有地方性,也称地方恒星时。

2. 平太阳时

根据天体运动的开普勒定律可知,太阳的视运动轨道为椭圆,且速度是不均匀的。若以真太阳作为地球自转运动的参考点,那将不符合建立时间系统的基本要求。为此,假设一参考点视运动速度等于真太阳周年运动的平均速度,且其在天球赤道上做周年视运动,该参考点称为平太阳。平太阳连续两次经过本地子午圈的时间间隔为一个平太阳日,一个平太阳日包含 24 个平太阳时(Mean solar Time,MT)。与恒星时一样,平太阳时也具有地方性,故常称为地方平太阳时。

3. 世界时

世界时(Universal Time,UT)是指以本初子午线的平子夜起算的平太阳时,同样是格林尼治所在地的标准时间,亦称格林尼治时间,它位于英国格林尼治天文台所在地,是世界上地理经度的起始点。世界时与平太阳时的尺度基准相同,差别仅在于起算点不同。如果国际上发生重大事件都用各地方时来记录,会感到不便,长期下去容易弄错时间。使用世界时,人们就可以以此推算出事件发生时的本地时间。世界时在 1960 年以前曾作为基本时间系统被广泛应用。若以 $GAMT$ 表示平太阳相对格林尼治子午圈的时角,则世界时与平太阳时之间的关系为:

$$UT = GAMT + 12(h)$$

由于世界时是以地球自转运动为基准的时间系统,而地球自转轴在地球内部的位置并不固定(即为极移现象),并且地球的自转速度也不均匀,它不仅包含有长期的减缓趋势,而且还含有一些周期变化和季节性的变化,情况甚为复杂,为了弥补这一缺陷,从 1956 年开始,便在世界时中引入了极移改正和地球自转速度的季节性改正。由此得到相应的世界时表示为 UT_1 和 UT_2,未经改正的世界时表示为 UT_0,它们之间的关系为:

$$UT_1 = UT_0 + \Delta\lambda$$
$$UT_2 = UT_1 + \Delta TS$$

其中,$\Delta\lambda$ 为极移改正,其表达式为:

$$\Delta\lambda = 1/15(x_P \sin\lambda - y_P \cos\lambda)\tan\varphi$$

式中，$(x_P，y_P)$、$(\lambda，\varphi)$ 为地极坐标及天文经度、天文纬度。

ΔTS 为地球自转速度季节性变化的改正，从 1962 年国际上采用的经验模型为：

$$\Delta TS = 0.002\sin 2\pi t - 0.002\cos 2\pi t - 0.006\sin 4\pi t + 0.007\cos 4\pi t$$

式中，t 是白塞尔年岁首回归年的小数部分。

世界时经过极移改正后，仍含有地球自转速度变化的影响。而 UT_2 虽经地球自转季节性变化的改正，但仍含有地球自转速度长期变化和不规则变化的影响，由此可见 UT_2 仍不是一个严格均匀的时间系统。

2.4.2　历书时

世界时系统修正后仍然不是理想的时间计量系统，不能满足现代科学对时间均匀性的需要，因此 1958 年国际天文学联合会决定，从 1960 年开始采用历书时 (Ephemeris Time，ET) 来代替世界时。

历书时是一种以牛顿天体力学定律来确定的均匀时间，也称为牛顿时。它是根据纽康给出的反映地球公转运动的太阳历表定义的时间，是以地球绕太阳的公转周期为基准的计时系统。

历书时起始时刻是世界时的 1900 年 1 月 1 日 12 时，这一时间也是历书时的 1900 年 1 月 1 日 12 时，在时刻上与世界时严格衔接起来。历书时的秒长定义是 1900 年 1 月 1 日 12 时开始的回归年长度的 1/31 556 925.974 7。

历书时和世界时 UT_2 的关系用下式表示：

$$ET = UT_2 + \Delta T$$

ΔT 中除包含长期变化外，还包含不规则变化，它只能由天文观测决定，而不能用任何公式推测。

2.4.3　原子时

随着空间科学技术的发展和应用，对时间准确度和稳定度的要求不断提高。由于物质内部的原子跃迁，所辐射和吸收的电磁波具有很高的稳定性和复现性。因此，20 世纪 50 年代人们便建立了以物质内部原子运动的特征为基础的原子时 (Atomic Time，AT) 系统。

原子时以铯原子基态的跃迁辐射定义秒长，1 原子秒的定义为：位于海洋平面上的铯原子，在零磁场中跃迁辐射振荡 9 192 631 770 周所持续的时间。原子时的始点，国

际协定取 UT_2 时间 1958 年 1 月 1 日 0 时 0 分 0 秒。

原子时出现后，得到了迅速的发展和广泛的应用，许多国家都建立了自己的地方原子时系统。但不同地方的原子时之间存在着差异。国际计量局（BIPM）利用分布在世界各地 100 座原子钟，通过相互对比和数据处理，推算出统一的原子时系统，称为国际原子时（International Atomic Time，IAT）。国际原子时的始点与当时定义的 UT_2 时间相差 0.003 9 s，即 $IAT = UT_2 - 0.003\ 9\ s$。

在卫星导航定位系统中，原子时作为高精度的时间基准，主要用于精密测定卫星信号的传播时间。

2.4.4　协调世界时

稳定性和复现性都很好的原子时能满足高精度时间间隔的测量要求，因此被很多部门采用。但在大地天文测量、导航和空间飞行器的跟踪定位等部门，仍需要以地球自转为基础的世界时。然而，因为地球自转速度长期变慢的趋势，世界时每年比原子时约慢 1 s，两者之差逐年积累。为了避免播发的原子时之间产生过大的偏差而给应用者带来不便，因此，从 1972 年便采用了一种以原子时秒长为基础，在时刻上尽量接近于世界时的一种折中的时间系统，这种时间系统称为协调世界时（Coordinated Universal Time，UTC），或简称协调时。

协调世界时的秒长严格等于原子时的秒长，采用闰秒（或跳秒）的办法，使协调时与世界时的时刻始终保持相接近，当协调时与世界时的时刻差超过 $\pm 0.9\ s$ 时，便在协调时中引入一闰秒（正或负），闰秒一般在 12 月 31 日或 6 月 30 日加入。具体日期则由国际地球自转服务组织 IERS 安排并通告。

协调世界时与国际原子时之间的关系可定义为：

$$IAT = UTC + 1' \times n$$

式中，n 为调整参数，其值由 IERS 发布。

2.4.5　北斗时间系统

北斗卫星导航系统的时间基准为北斗时（BDT），BDT 采用国际单位制（SI）秒为基本单位连续累计，不进行闰秒调整，是一个自由、连续的原子时。北斗时采用原子时秒长，以周和周内秒计数，周内秒从 0 到 604 799 为一周期，起始历元为 2006 年 1 月 1 日协调世界时（UTC）00 时 00 分 00 秒，采用周和周内秒计数，与国际 UTC 建立联系。BDT 与 UTC 的偏差保持在 100 ns 以内，BDT 与 UTC 之间的闰秒信息在导航电文中播报。

BDT 与 UTC 之间的整数秒差值的关系式为：

$$BDT \approx UTC + DTA_1 - 33\,s$$

式中，$DTA_1 = IAT - UTC$（整秒），由国际计量局 BIPM 和国际地球自转服务组织 IERS 协作规定的、随 UTC 发生闰秒事件而变化的变量，由国际授时组织适时预报和公布。

北斗卫星导航地面系统各原子钟和星载原子钟与 BDT 保持时间同步。BDT 采用综合原子时的方法实现，由系统的主控站、时间同步/注入站、监测站等地面部分的高精度原子钟共同维持。主控站根据各站的内部钟差测量数据和异地钟差比对数据，采用综合原子时的计算方法，并溯源到 UTC。

北斗试验系统的卫星原子钟是由瑞士进口，"北斗二号"的星载原子钟逐渐开始使用国产原子钟，"北斗三号"上安装的是高精度铷原子钟，其精度和美国 GPS 全球卫星导航系统采用的铷原子钟水平相当，每 2 000 万年才误差 1 s。

参 考 文 献

李天文，等，2015. GPS 原理及应用[M]. 3 版. 北京：科学出版社.

田建波，陈刚，等，2016. 北斗导航定位技术及其应用[M]. 武汉：中国地质大学出版社.

魏子卿，2013. 关于北斗卫星导航系统坐标系的研讨[J]. 测绘科学与工程，33(2)：1-5.

魏子卿，吴富梅，刘光明，2019. 北斗坐标系[J]. 测绘学报，48(7)：805-809.

郑加柱，等，2014. GPS 测量原理及应用[M]. 北京：科学出版社.

中国卫星导航系统管理办公室，2013. 北斗卫星导航系统空间信号接口控制文件公开服务信号（2.0 版）[R]. 北京：中国卫星导航系统管理办公室.

中国卫星导航系统管理办公室，2017. 北斗卫星导航系统空间信号接口控制文件公开服务信号 B1C、B2a[R]. 北京：中国卫星导航系统管理办公室.

思 考 题

1. 解释下列名词：天球、黄道、春分点、岁差、章动、世界时、历书时、原子时、协调世界时、北斗时间系统。

2. 简述天球坐标系与地球坐标系的构成和特点。

3. 简述 ITRF 坐标框架。

4. 简述协议地球坐标系与协议天球坐标系的转换步骤。

5. 常用的 GNSS 坐标系有哪些？

6. 简述 BDCS 与 CGCS2000 之间的联系与区别。

7. 简述恒星时、平太阳时和世界时的区别。

8. 简述 BDT 与 UTC 之间的转换关系。

第3章
北斗卫星运动与卫星信号

每当在夜晚迷失方向的时候,我们便会仰望星空,寻找值得信赖的北极星或者北斗星。信赖不仅仅因为它们是夜空中最亮的星,而在于它们的位置相对固定或有规律可循。同样,在利用北斗卫星系统进行导航定位时,所观测到的卫星在轨道的瞬时位置必须是已知的,因此,了解如何描述卫星轨道及其运动十分必要。此外,不论是有源式还是无源式定位模式,只要用户打开接收机接收到卫星信号,便可实现相应的导航定位功能,可以说卫星信号承载了实现导航定位的必要信息。因此,本章从北斗卫星轨道入手,介绍卫星运动和北斗卫星信号的相关知识。

3.1 北斗卫星轨道

卫星在空间运行的轨迹称为轨道,而描述卫星轨道状态和位置的参数定义为轨道参数。根据第1章北斗系统空间部分介绍可知,北斗导航定位系统从一号到三号,采用了相较于 GPS、GLONASS 及 Galileo 等其他系统更为多样的轨道类型,包括地球静止同步轨道(GEO)、倾斜地球同步轨道(IGSO)以及地球中轨道(MEO)三种类型。具体来说,北斗三号标称空间星座由 3 颗 GEO 卫星、3 颗 IGSO 卫星和 24 颗 MEO 卫星组成,并视情部署在轨备份卫星。GEO 卫星轨道高度 35 786 km,分别定点于东经 80°、110.5°和 140°;IGSO 卫星轨道高度 35 786 km,轨道倾角 55°;MEO 卫星轨道高度 21 528 km,轨道倾角 55°。不论采用哪种轨道类型,通常采用以下两种方法对卫星轨道加以描述。

3.1.1 基于开普勒轨道参数及其变化率来描述

卫星在太空围绕地球运行时,主要受到来自地球的引力影响。假设卫星和地球都是均质的理想球体,并且只考虑卫星在地球万有引力作用下的运动状态,那么把在这种理想状态下的卫星运行轨道称为无摄运行轨道。我们通常用经典的开普勒轨道参数来描述卫星无摄椭圆轨道的形状、大小及其在空间的指向,来确定任一时刻卫星在轨道上的位置。下面参考图 3.1 介绍 6 个开普勒轨道参数的具体含义。

（1）长半径 a

长半径即从椭圆轨道的中心至远地点的
距离，也称长半轴或半长轴。

（2）偏心率 e

$$e = \frac{c}{a} = \frac{\sqrt{a^2 - b^2}}{a} \quad (0 \leqslant e < 1)$$

长半径 a 和偏心率 e 给出了轨道椭圆的
形状和大小。从理论上讲，描述椭圆形状和
大小的参数还可在长半径 a，短半径 b，偏心
率 e，两焦点距离一半 c 和扁率中任选两个，
但其中至少有一个为长度元素。

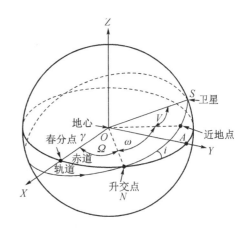

图 3.1 开普勒轨道参数几何意义

（3）真近点角 V

真近点角 V 是卫星在运行轨道上的当前位置 S 与近地点 A 之间的地心夹角。真
近点角可以给定卫星在椭圆轨道上的位置。在 6 个开普勒轨道参数中只有真近点角
是一个关于时间的函数，其他 5 个参数均为常数。

以上三个参数长半径 a 和偏心率 e 给出了轨道椭圆的形状和大小。真近点角 V
给出任意时刻卫星在轨道平面的位置。

（4）升交点赤经 Ω

一般来说，卫星轨道与赤道平面有两个交点，当卫星从南半球穿过赤道平面进入
北半球时与赤道平面的交点称为升交点 N，升交点的赤经称为升交点赤经，用 Ω 来表
示，Ω 可在 $0° \sim 360°$ 范围内变动。升交点赤经指定了卫星轨道升交点在地球赤道平面
内的方位。

（5）轨道倾角 i

卫星轨道平面与赤道面之间的夹角称为轨道倾角，用 i 来表示。

用 Ω 和 i 两个轨道参数可以描述卫星轨道平面在空间的指向以及轨道平面与地
球的相对位置。

（6）近地点角距 ω

近地点角距 ω 是卫星轨道平面上的升交点 N 与近地点 A 之间的地心夹角，ω 的取
值范围在 $0° \sim 360°$ 之间。近地点角距 ω 确定轨道椭圆在轨道平面内的指向。

通过上述 6 个开普勒轨道参数可以描述仅考虑卫星地球二体运动时的无摄椭圆
轨道运动。但实际情况是，卫星是在多种外力作用下绕地球运动的。这些引力包括地

球对卫星的万有引力,日、月对卫星的万有引力,大气阻力,太阳光压力等。为了精确描述卫星的实际运行轨道,用9个轨道摄动改正参数来对前面的6个开普勒轨道参数进行摄动校正。下面介绍9个轨道摄动改正参数的具体含义:

(1) Δn:平均角速度 n 的改正值,该参数占用 16 bit,单位为 $2^{-43} \times 180°/\text{s}$;

(2) 升交点赤经 Ω 的变化率,$\dot{\Omega} = \dfrac{\mathrm{d}\Omega}{\mathrm{d}t}$,该参数占用 24 bit,单位为 $2^{-43} \times 180°/\text{s}$;

(3) 轨道倾角 i 的变化率,$\dot{i} = \dfrac{\mathrm{d}i}{\mathrm{d}t}$,该参数占用 14 bit,单位为 $2^{-43} \times 180°/\text{s}$;

(4) C_{uc} 和 C_{us}:升交距角 $u = \omega + V$ 的余弦及正弦调和改正项的振幅,其中 ω 为近地点角距,V 为卫星的真近点角。C_{uc} 和 C_{us} 各占用 16 bit,单位为 2^{-29} rad;

(5) C_{ic} 和 C_{is}:轨道倾角 i 的余弦及正弦调和改正项的振幅,各占用 16 bit,单位为 2^{-29} rad;

(6) C_{rc} 和 C_{rs}:卫星至地心的距离 r 的余弦及正弦调和改正项的振幅,各占用 16 bit,单位为 2^{-5} m。

利用上述 6 个开普勒轨道参数、9 个轨道摄动参数以及时间参数就可以建立卫星运动方程,进而描述任一时刻卫星在实际运行轨道中的位置。

3.1.2　按固定时间间隔直接给出对应历元卫星位置及其运动速度描述

通常按一定时间间隔给出卫星在空间的三维坐标、三维运动速度及卫星钟改正数等信息,这也可用于描述卫星轨道。国际 GNSS 服务(International GNSS Service,IGS)提供的 GIS 精密星历便采用该种模式,其时间间隔为 15 min。由于观测数据文件是不同采样间隔的观测值,因此获得任意时刻的卫星位置及运动速度,需将离散时刻的卫星位置利用切比雪夫多项式、高阶多项式或拉格朗日多项式内插拟合。这种方法精度较高,但所得结果实时性较差、不连续,缺少严密的几何意义。

3.2　北斗卫星星历

在明确了描述卫星运动轨道方法后,需要进一步了解描述卫星轨道的具体表达形式。在卫星导航定位领域,通常利用星历和历书两种模式进行轨道描述。星历又分为广播星历和精密星历两类。

3.2.1　卫星星历与历书

所谓星历(Ephemeris),包含了详细的卫星轨道参数或者位置信息,一般数据量大、传输时间长。而历书(Almanac)可以看作星历数据的简化模式,数据量小、传播时间短,精度相对较低。虽然二者都用来表示卫星运行轨道参数,但通过历书可以获取全部在轨运行卫星的概略位置,常用于卫星预报。星历通常包括 15 个轨道参数、1 个星历参考时间。正常情况下星历参数更新周期为 1 h。星历参数定义见表 3.1。历书参数相对简化,其参数见表 3.2。

表 3.1　星历参数定义

参数	定义
t_{oc}	星历参考时间
$\sqrt{A}$	长半轴的平方根
e	偏心率
ω	近地点幅角
Δn	卫星平均速率与计算值之差
M_0	参考时间的平近点角
Ω_0	按参考时间计算的升交点赤经
$\dot{\Omega}$	升交点赤经变化率
i_0	参考时间的轨道倾角
$IDOT$	轨道倾角变化率
C_{uc}	纬度幅度的余弦调和改正项的振幅
C_{us}	纬度幅度的正弦调和改正项的振幅
C_{rc}	轨道半径的余弦调和改正项的振幅
C_{rs}	轨道半径的正弦调和改正项的振幅
C_{ic}	轨道倾角的余弦调和改正项的振幅
C_{is}	轨道倾角的正弦调和改正项的振幅

表 3.2　历书参数定义

参数	定义
t_{oa}	历书参考时间
$\sqrt{A}$	长半轴的平方根
e	偏心率

(续表)

参数	定义
ω	近地点幅角
M_0	参考时间的平近点角
Ω_0	按参考时间计算的升交点经度
$\dot{\Omega}$	升交点赤经变化率
a_0	卫星钟差
a_1	卫星钟速
AmID	分时播发识别标识

3.2.2　广播星历与精密星历

1. 广播星历

广播星历又称为预报星历,通常包括相对某一参考历元的开普勒轨道参数和必要的轨道摄动改正项参数。广播星历是由卫星导航定位系统地面控制部分所确定和提供的,是定位卫星发播的无线电信号上载有预报一定时间内卫星轨道根数的电文信息。对于北斗导航系统而言,星历参数描述了在一定拟合间隔下得出的卫星轨道,包括 15 个轨道参数、1 个星历参考时间。正常情况下,星历参数的更新周期为 1 h,且在北斗时间系统 BDT 整点更新。由于星历参数以二进制格式,并依据固定格式编制为导航电文,通过调制到载波进行播发及接收,因此,用户接收机通常以二进制专有格式进行存储。为了便于不同厂商及型号接收机联合处理,瑞士伯尔尼大学天文学院 1989 年提出一种与接收机无关的交换格式(Receiver Independent Exchange Format,RINEX)。发展至今,RINEX 格式已成为 GNSS 领域普遍采用的标准数据。该格式采用文本文件形式存储数据,数据记录格式与接收机的制造厂商及型号无关(RINEX Working Group,2015)。2016 年 1 月 29 日～30 日,国际海事无线电技术委员会第 104 专业委员会(RTCM SC-104)全体会议在美国加利福尼亚州蒙特雷市召开,会议发布了首个全面支持北斗的 RINEX 标准(3.03 版),标志着北斗完整进入 RINEX 标准。表 3.3 给出 RINEX 中导航电文文件相关格式及北斗导航电文实例。北斗广播星历详见附录1。

表 3.3 导航电文文件的数据记录格式说明

观测值记录	说明	格式
PRN 号/历元/卫星钟	-卫星的 PRN 号	I2
	-历元:TOC(卫星钟的参考时刻)	
	年(2 个数字,如果需要可补 0)	1X,I2.2
	月,日,时,分,秒	4(1X,I2)
		F5.1
	-卫星钟的偏差(s)	3D19.12
	-卫星钟的漂移(s/s)	
	-卫星钟的漂移速度(s/s^2)	
广播轨道-1	- IODE(Issue of Data,Ephemeris/数据、星历发布时间)	3X,4D19.12
	- C_{rs}(m)	
	- Δn(rad/s)	
	- M_0(rad)	
广播轨道-2	- C_{uc}(rad)	3X,4D19.12
	- e 轨道偏心率	
	- C_{us}(rad)	
	- sqrt(A)(m$^{\frac{1}{2}}$)	
广播轨道-3	- TOE 星历的参考时刻(GPS 周内的秒数)	3X,4D19.12
	- C_{ic}(rad)	
	- Ω(rad)(OMEGA)	
	- C_{is}(rad)	
广播轨道-4	- i_0(rad)	3X,4D19.12
	- C_{rc}(m)	
	- ω(rad)	
	- $\dot{\Omega}$(rad/s)(OMEGA DOT)	
广播轨道-5	- $\dot{i}$(rad/s)(IDOT)	3X,4D19.12
	- L2 上的码	
	-GPS 周数(与 TOE 一同表示时间)。为连续计数,不是 1 024 的余数	
	-L2P 码数据标记	

(续表)

观测值记录	说明	格式
广播轨道-6	−卫星精度(m) −卫星健康状态(第1子帧第3字第17～22位) −TGD(s) −IODC钟的数据龄期	3X，4D19.12
广播轨道-7	−电文发送时刻①［单位为GPS周的秒,通过交接字(HOW)中的Z计算得出］ −拟合区间(h)②,如未知则为零 −备用 −备用	3X，4D19.12

2. 精密星历

精密星历是一些国家某些部门根据各自建立的卫星跟踪站所获得的对导航卫星的精密观测资料,应用与确定广播星历相似的方法而计算的卫星星历。由于这种星历是在事后向用户提供的在其观测时间内的精密轨道信息,因此也称为后处理星历。精密星历不是通过卫星的导航电文向用户传递,大多通过登录相关网站下载,并提供无偿及有偿的多种用户服务方式。目前精度最高、使用最为广泛、最为方便的精密星历是由国际GNSS服务组织(IGS)提供。随着我国北斗系统发展成熟,由我国在联合国框架下发起并主导的国际第一个涵盖全球四大导航系统的监测平台iGMAS (International GNSS Monitoring & Assessment System,iGMAS)近年来发展迅猛,它也是全球第一个提供四系统高精度服务的开放系统的国际GNSS监测评估系统,得到国际社会的日益关注及广泛使用。

目前国际上公开提供北斗事后精密轨道和钟差修正产品的有欧洲定轨中心(the Centre for Orbit Determination in Europe,CODE)、德国地学研究中心(German Research Centre for Geoscience,GFZ)和中国武汉大学(Wuhan University,WHU)等。提供北斗实时精密轨道和钟差产品的有GFZ和法国国家太空研究中心(the Centre National d'Etudes Spatiales,CNES)等。事后精密星历都以SP3(Standard Product 3)格式提供,实时精密星历采用RTCM-SSR (Radio Technical Commission for Maritime Services-State Space Representation)格式。

IGS精密星历采用SP3格式,其存储方式为ASCII文本文件,内容包括表头信息以及文件体,文件体中每隔15 min给出1颗卫星的位置,有时还给出卫星的速度。它的特点就是提供卫星精确的轨道位置。实际解算中可以进行精密钟差的估计或内插,以提高其可使用的历元数。常用的 SP3 格式精密星历文件的命名规则为:tttwwwwd.
sp3。其中:ttt 表示精密星历的类型,包括 IGS(事后精密星历)、IGR(快速精密星历)、
IGU(预报精密星历)三种;wwww 表示 GPS 周(目前 IGS 提供的北斗精密星历为混合
系统 GNSS 星历,以 GPS 时间系统为参考);d 表示星期,0 表示星期日,1～6 表示星期
一至星期六。以 igs 开头的星历文件为事后精密星历文件,以 igr 开头的星历文件为
快速精密星历文件,以 igu 开头的星历文件为超快速精密星历文件。三种精密星历文
件的时延、精度、历元间隔等各不相同,在实际工作中,可以根据工程项目对时间及精
度的要求,选取不同的 SP3 文件类型。精密星历详见附录 2。

3.3　北斗卫星信号

对于基于空间距离后方交会原理实现的卫星导航定位系统,需要具备两个定位条
件,即卫星瞬间在轨位置已知、卫星至测站距离可测。由于用户只需打开接收设备,正
常接收到卫星信号便可实现导航定位,因此,卫星信号中包含定位条件的所有信息。
北斗卫星信号与其他全球导航卫星系统类似,信号由用于测量站星间距离的测距码、
包含卫星位置、状态等信息的导航电文以及将以上两种低频信号加载并传递到用户的
载波三部分组成(中国卫星导航系统管理办公室,2017—2019)。

3.3.1　载波信号

北斗导航卫星系统采用 L 频段 B1、B2 和 B3 三个频点上发射开放和授权服务
信号。

(1) B1:1 559.052 MHz～1 591.788 MHz

(2) B2:1 166.22 MHz～1 217.37 MHz

(3) B3:1 250.618 MHz～1 286.423 MHz

B1、B2 和 B3 信号由 I、Q 两个支路的"测距码＋导航电文"正交调制在载波
上构成。卫星发射信号采用正交相移键控(QPSK)调制,信号为右旋圆极化
(RHCP),信号复用方式为码分多址(CDMA),图 3.2 给出 B1 频点 BPSK 调制原
理(谢非,2014)。

现阶段北斗系统提供以下四个公开服务信号:

(1) B1I 信号:中心频率为 1 561.098 MHz。B1I 信号在北斗三号的地球中圆轨道
(MEO)卫星、倾斜地球同步轨道(IGSO)卫星和地球静止轨道(GEO)卫星上播发,提
供公开服务。

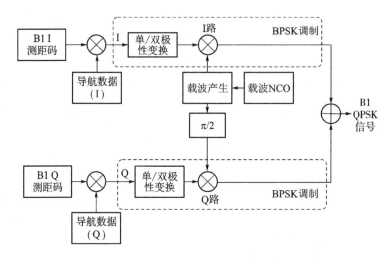

图 3.2　北斗 B1 频点 BPSK 调制原理框图

（2）B3I 信号：中心频率为 1 268.52 MHz。B3I 信号在北斗三号的地球中圆轨道（MEO）卫星、倾斜地球同步轨道（IGSO）卫星和地球静止轨道（GEO）卫星上播发，提供公开服务。

（3）B1C 信号：中心频率为 1 575.42 MHz。B1C 信号只在北斗三号地球中圆轨道（MEO）卫星和倾斜地球同步轨道（IGSO）卫星上播发，提供公开服务，地球静止轨道（GEO）卫星不播发 B1C 信号。

（4）B2a 信号：中心频率为 1 176.45 MHz。B2a 信号只在北斗三号地球中圆轨道（MEO）卫星和倾斜地球同步轨道（IGSO）卫星上播发，提供公开服务，地球静止轨道（GEO）卫星不播发 B2a 信号。

3.3.2　测距码

（1）B1I 信号测距码（以下简称 C_{B1I} 码）的码速率为 2.046 Mc/s，码长为 2 046。C_{B1I} 码由两个线性序列 G1 和 G2 模二加产生平衡 Gold 码后截短最后 1 码片生成。G1 和 G2 序列分别由 11 级线性移位寄存器生成，其生成多项式分别为：

$$G1(X) = 1 + X + X^7 + X^8 + X^9 + X^{10} + X^{11}$$
$$G2(X) = 1 + X + X^2 + X^3 + X^4 + X^5 + X^8 + X^9 + X^{11}$$

(3.3.1)

其中 G1 序列初始相位：01010101010；G2 序列初始相位：01010101010。C_{B1I} 码发生器如图 3.3 所示。

通过对产生 G2 序列的移位寄存器不同抽头的模二加可以实现 G2 序列相位的不同偏移，与 G1 序列模二加后可生成不同卫星的测距码。G2 序列相位分配可参考汪威等人（2016）的内插方法。

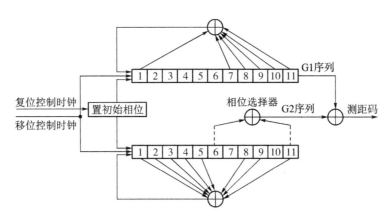

图 3.3　C_{B1I} 码发生器

（2）B3I 信号测距码（以下简称 C_{B3I} 码）的码速率为 10.23 Mc/s，码长为 10 230。C_{B3I} 码由两个线性序列 G1 和 G2 截短、模二加生成 Gold 码后再截短产生。G1 和 G2 序列均由 13 级线性移位寄存器生成，周期为 8 191 码片，其生成多项式分别为：

$$G1(X) = 1 + X + X^3 + X^4 + X^{13}$$

$$G2(X) = 1 + X + X^5 + X^6 + X^7 + X^9 + X^{10} + X^{12} + X^{13} \tag{3.3.2}$$

G1 序列在每个测距码周期（1 ms）起始时刻或 G1 序列寄存器相位为 1111111111100 时置初始相位，G2 序列在每个测距码周期（1 ms）起始时刻置初始相位。G1 序列的初始相位为 1111111111111。G2 序列的初始相位由 1111111111111 经过不同的移位次数形成，不同初始相位对应不同卫星。C_{B3I} 码的 G2 序列相位分配见程春等人（2018）的研究。C_{B3I} 码发生器如图 3.4 所示。

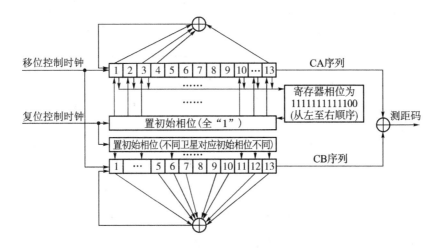

图 3.4　C_{B3I} 码发生器

（3）B1C、B2a 信号测距码采用分层码结构，由主码和子码相异或构成。子码的码片宽度与主码的周期相同,子码码片起始时刻与主码第一个码片的起始时刻严格对齐,相关时序关系及主码、子码生成多项式及发生器较为复杂,限于篇幅请参考《北斗卫星导航系统空间信号接口控制文件》(中国卫星导航系统管理办公室,2017—2019)。

3.3.3 导航电文

不同于 GPS 等其他全球导航定位系统,北斗卫星根据信息速率和结构不同,导航电文分为 D1 和 D2 两种导航电文。D1 导航电文速率为 50 bps,D2 导航电文速率为 500 bps。MEO/IGSO 卫星播发 D1 导航电文,GEO 卫星播发 D2 导航电文。D1 导航电文以超帧结构播发,每个超帧由 24 个主帧组成,每个主帧由 5 个子帧组成,每个子帧由 10 个字组成,整个 D1 导航电文传送完毕需要 12 min。其中,子帧 1 至子帧 3 播发本星基本导航信息;子帧 4 的 1～24 页面和子帧 5 的 1～10 页面播发全部卫星历书信息及与其他系统时间同步信息。D2 导航电文以超帧结构播发,每个超帧由 120 个主帧组成,每个主帧由 5 个子帧组成,每个子帧由 10 个字组成,整个 D2 导航电文传送完毕需要 6 min。其中,子帧 1 播发本星基本导航信息,子帧 5 播发全部卫星的历书信息与其他系统时间同步信息。卫星导航电文的正常更新周期为 1 h。卫星类型、播发信号及导航电文类型的对应关系见表 3.4 所示。

表 3.4 北斗系统在轨工作卫星类型、播发信号及导航电文类型的对应关系

卫星类型	播发信号	导航电文类型
BDS-2M BDS-2I	B1I、B3I	D1
BDS-2G	B1I、B3I	D2
BDS-3M	B1I、B3I	D1
	B1C	B-CNAV1
	B2a	B-CNAV2

注:BDS-2、BDS-3 为北斗 2 号、北斗 3 号。M(MEO)、I(IGSO)、G(GEO)

根据信息速率和结构不同,B1I 和 B3I 信号的导航电文分为 D1 导航电文和 D2 导航电文。D1 导航电文速率为 50 bps,D2 导航电文速率为 500 bps。导航信息帧格式详细参见 BDS-SIS-ICD-3.0 和 BDS-SIS-ICD-B3I-1.0 的规定。

B1C 信号采用 B-CNAV1 电文格式,电文数据调制在 B1C_data 上,每帧电文长度为 1800 符号位,符号速率为 100 sps,播发周期为 18 s。导航信息帧格式详细参见 BDS-SIS-ICD-B1C-1.0 的规定。

B2a 信号采用 B-CNAV2 电文格式,电文数据调制在 B2a_data 上,每帧电文长度为 600 符号位,符号速率为 200 sps,播发周期为 3 s。导航信息帧格式详细参见 BDS-SIS-ICD-B2a-1.0 的规定。

（1）导航电文信息类别及播发特点

导航电文中基本导航信息和增强服务信息的类别及播发特点见附录 3。

（2）D1 导航电文及其帧结构

D1 导航电文由超帧、主帧和子帧组成。每个超帧为 36 000 bit,历时 12 min,每个超帧由 24 个主帧组成(24 个页面);每个主帧为 1 500 bit,历时 30 s,每个主帧由 5 个子帧组成;每个子帧为 300 bit,历时 6 s,每个子帧由 10 个字组成;每个字为 30 bit,历时 0.6 s。

每个字由导航电文数据及校验码两部分组成。每个子帧第 1 个字的前 15 bit 信息不进行纠错编码,后 11 bit 信息采用 BCH(15,11,1)方式进行纠错,信息位共有 26 bit;其他 9 个字均采用 BCH(15,11,1)加交织方式进行纠错编码,信息位共有 22 bit。D1 导航电文帧结构如图 3.5 所示。

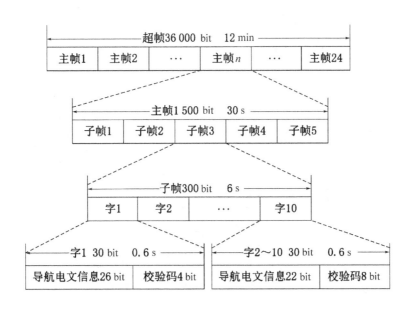

图 3.5　D1 导航电文帧结构

D1 导航电文包含有基本导航信息,主要包括本卫星基本导航信息(包括周内秒计数、整周计数、用户距离精度指数、卫星自主健康标识、电离层延迟模型改正参数、卫星星历参数及数据龄期、卫星钟差参数及数据龄期、星上设备时延差)、全部卫星历书信息及与其他系统时间同步信息(UTC、其他卫星导航系统)。D1 导航电文主帧结构及信息内容如图 3.6 所示。子帧 1 至子帧 3 播发基本导航信息;子帧 4 和子帧 5 分为 24 个页面,播发全部卫星历书信息及与其他系统时间同步信息。

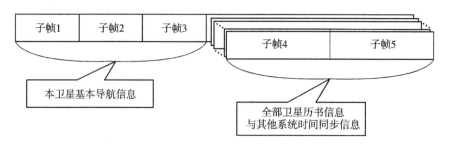

图 3.6　D2 导航电文信息内容

（3）D2 导航电文及其帧结构

D2 导航电文由超帧、主帧和子帧组成。每个超帧为 180 000 bit，历时 6 min，每个超帧由 120 个主帧组成，每个主帧为 1 500 bit，历时 3 s，每个主帧由 5 个子帧组成，每个子帧为 300 bit，历时 0.6 s，每个子帧由 10 个字组成，每个字为 30 bit，历时 0.06 s。

每个字由导航电文数据及校验码两部分组成。每个子帧第 1 个字的前 15 bit 信息不进行纠错编码，后 11 bit 信息采用 BCH(15，11，1)方式进行纠错，信息位共有 26 bit；其他 9 个字均采用 BCH(15，11，1)加交织方式进行纠错编码，信息位共有 22 bit。详细帧结构如图 3.7 所示。

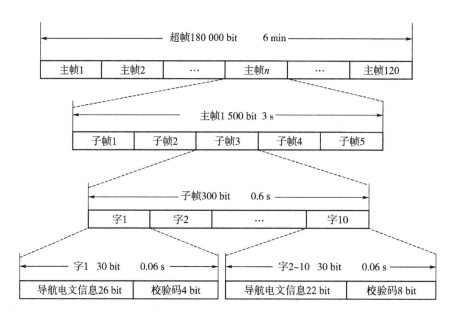

图 3.7　D2 导航电文帧结构

D2 导航电文包括：本卫星基本导航信息，全部卫星历书信息，与其他系统时间同步信息，北斗系统完好性及差分信息，格网点电离层信息。主帧结构及信息内容如图 3.8 所示。子帧 1 播发基本导航信息，由 10 个页面分时发送，子帧 2～4 信息由 6 个页面分时发送，子帧 5 中信息由 120 个页面分时发送。

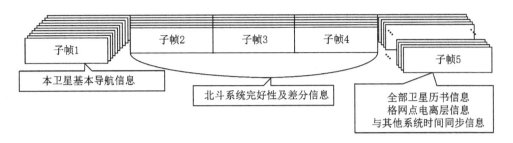

图 3.8　D2 导航电文信息内容

3.4　北斗卫星位置计算

3.4.1　利用广播星历计算卫星位置

（1）计算卫星运行的平均角速度 n_0

根据开普勒第三定律，卫星运行的平均角速度 n_0 可以用下式计算：

$$n_0 = \sqrt{\frac{k^2 M}{a^3}} = \frac{\sqrt{\mu}}{(\sqrt{a})^3} \tag{3.4.1}$$

式中，μ 为地球引力常数，且 $\mu = 3.986\,005 \times 10^{14}\,\mathrm{m^3/s^2}$。平均角速度 n_0 加上卫星电文给出的摄动改正数 Δn，便得到卫星运行的平均角速度 n：

$$n = n_0 + \Delta n \tag{3.4.2}$$

（2）计算归化时间 t_k

首先对观测时刻 t'（以子夜零时为开始时刻）作卫星钟差改正

$$t = t' - \Delta t \tag{3.4.3}$$

$$\Delta t = a_0 + a_1(t' - t_{oc}) + a_2(t' - t_{oc})^2 \tag{3.4.4}$$

然后将观测时刻 t 归化到北斗时系，有

$$t_k = t - t_{oe} \tag{3.4.5}$$

式中，t_k 称作相对于参考时刻 t_{oe} 的归化时间。

（3）观测时刻卫星平近点角 M_k 的计算

$$M_k = M_0 + n t_k \tag{3.4.6}$$

式中，M_0 是卫星电文给出的参考时刻 t_{oe} 的平近点角。

（4）计算偏近点角 E_k（以弧度计）

$$E_k = M_k + e \sin E_k \tag{3.4.7}$$

上述方程可用迭代法进行 e 解算，即先令 $E_k = M_k$，代入上式，求出 E_k 再代入上式计算，因为卫星轨道的偏心率 e 很小，因此收敛快，只需迭代计算两次便可求得偏近点角 E_k。

（5）真近点角 f_k 的计算

$$f_k = \arctan \frac{\eta}{\xi} = \arctan \frac{\sqrt{1-e^2} \sin E}{\cos E - e} \tag{3.4.8}$$

（6）升交距角 u' 的计算

$$u' = f_k + \omega \tag{3.4.9}$$

式中，ω 为导航电文给出的近地点角距。

（7）摄动改正项 δ_u，δ_r，δ_i 的计算

$$\begin{cases} \delta_u = C_{uc} \cos 2u' + C_{us} \sin 2u' \\ \delta_r = C_{rc} \cos 2u' + C_{rs} \sin 2u' \\ \delta_i = C_{ic} \cos 2u' + C_{is} \sin 2u' \end{cases} \tag{3.4.10}$$

式中，δ_u，δ_r，δ_i 分别为升交距角 u 的摄动量、卫星矢径 r 的摄动量和轨道倾角 i 的摄动量。

（8）计算经过摄动改正的升交距角 u_k、卫星矢径 r_k 和轨道倾角 i_k

$$\begin{cases} u_k = u' + \delta_u \\ r_k = a(1 - e\cos E_k) + \delta_r \\ i_k = i_0 + \delta_i + \dot{I} t_k \end{cases} \tag{3.4.11}$$

（9）计算卫星在轨道平面坐标系的坐标

卫星在轨道平面直角坐标系（X 轴指向升交点）中的坐标为

$$\begin{cases} x_k = r_k \cos u_k \\ y_k = r_k \sin u_k \end{cases} \tag{3.4.12}$$

（10）观测时刻升交点经度 Ω_k

$$\Omega_k = \Omega_0 + (\Omega - \omega_e) t_k - \omega_e t_{oe} \tag{3.4.13}$$

式中，Ω_0，Ω，t_{oe} 的值都可以从卫星电文中获取。

（11）计算卫星在地心固定坐标系中的直角坐标

把卫星在轨道平面直角坐标系中的坐标进行旋转变换，可得出卫星在地心固定坐标系中的三维坐标：

$$
\begin{bmatrix} X_k \\ Y_k \\ Z_k \end{bmatrix} = \begin{bmatrix} x_k \cos \Omega_k - y_k \cos i_k \sin \Omega_k \\ x_k \sin \Omega_k + y_k \cos i_k \cos \Omega_k \\ y_k \sin i_k \end{bmatrix} \tag{3.4.14}
$$

3.4.2　利用精密星历计算卫星位置

精密星历按一定的时间间隔（通常为 15 min）来给出卫星在空间的三维坐标、三维运动速度及卫星钟改正数等信息。由于观测数据文件是不同采样间隔的观测值，因此获得任意时刻的卫星位置及运动速度，需将离散时刻的卫星位置利用拉格朗日多项式、切比雪夫多项式或者高阶多项式进行内插拟合（汪威　等，2016）。

（1）拉格朗日多项式内插

假设已给区间 $[a, b]$ 上的节点 $x_0, x_1, x_2, \cdots, x_n$，函数 $y = f(x)$ 在区间 $[a, b]$ 上有 $n+1$ 阶导数，且 $y = f(x)$ 在 x_i 的值为 $y_i = f(x_i)$，$P_n(x)$ 是通过 $y_i = f(x_i)$ 数据点的不超过 n 的多项式，则 $P_n(x)$ 是唯一的，且对区间 $[a, b]$ 内任意 x 的 n 阶拉格朗日的多项式可表示为

$$
f(x) = \sum_{i=0}^{n} y_i \prod_{j=0, j \neq i}^{n} \left| \frac{x - x_i}{x_i - x_j} \right| \tag{3.4.15}
$$

在进行 n 阶拉格朗日多项式内插任意时刻的卫星位置时，需要选取一个区间 $[t_a, t_b]$，使得 $t \in [t_a, t_b]$，并且在所选区间内满足 $m \geqslant n+1$，其中 n 为插值阶数，m 为插值节点个数。拉格朗日多项式函数模型简单，易于编程实现，是经典的插值算法，但是插值节点的增删则需要重新构造多项式，利用式(3.4.15)计算卫星的三维坐标可以表示为

$$
\begin{cases} X_t = \sum_{j=0}^{n} X_j \prod_{i=0}^{n} \left[\frac{t - t_i}{t_j - t_i} \right] \\ Y_t = \sum_{j=0}^{n} Y_j \prod_{i=0}^{n} \left[\frac{t - t_i}{t_j - t_i} \right] \\ Z_t = \sum_{j=0}^{n} Z_j \prod_{i=0}^{n} \left[\frac{t - t_i}{t_j - t_i} \right] \end{cases} \tag{3.4.16}
$$

（2）切比雪夫多项式内插拟合

切比雪夫多项式内插拟合的原理是通过根据给定的一些数据拟合出一个逼近函数，使其在给定的函数值与定值之间的方差和达到最小，且该函数是以切比雪夫多项

式为函数的,在多项式阶数发生改变时只需改变多余观测量,无需额外增加新的节点,原有的公式不需要再重新建立。由于切比雪夫多项式只适用于自变量区间为$[-1,1]$的情况,因此在采样时间段$[t_0,t_0+\Delta t]$内(t_0为初始时刻,Δt为拟合时间长度)采用n阶切比雪夫多项式拟合时,首先需要利用下述公式将时间进行标准化:

$$\tau=\frac{2(t-t_0)}{\Delta t}-1 \tag{3.4.17}$$

将时间变量t的区间归化到变量区间$[-1,1]$后,则 GNSS 卫星的切比雪夫多项式拟合表达式在卫星的三个分量可以表示为:

$$\begin{cases} X(t)=\sum_{i=0}^{n}C_{x_i}\,T_i(\tau) \\[2mm] Y(t)=\sum_{i=0}^{n}C_{y_i}\,T_i(\tau) \\[2mm] Z(t)=\sum_{i=0}^{n}C_{z_i}\,T_i(\tau) \end{cases} \tag{3.4.18}$$

式中,n为切比雪夫多项式的阶数;C_{x_i},C_{y_i},C_{z_i}分别为卫星在X,Y,Z三个坐标分量方向的切比雪夫多项式系数。则第i阶切比雪夫项式T_i表示为:

$$\begin{cases} T_0(\tau)=1 \\ T_1(\tau)=\tau \qquad\quad \mid \tau\mid\leqslant 1,\ n\geqslant 2, \\ T_n(\tau)=2\tau\,T_{n-1}(\tau)-T_{n-2}(\tau) \end{cases} \tag{3.4.19}$$

通过式(3.4.18)可计算出$t\in[t_0,t_0+\Delta t]$区间内任意时刻的卫星坐标。

有学者研究认为,拉格朗日插值与切比雪夫多项式拟合适合于北斗不同轨道卫星的精密星历内插(汪威 等,2016)。同种插值算法对不同轨道卫星达到最佳精度所取的阶数不同,不同插值算法对同一类卫星的最佳插值阶数也不相同。卫星轨道的三个坐标分量的插值精度在取同一插值阶数时插值精度不同,并且卫星的三个坐标分量达到最佳插值精度所取的阶数也不完全相同。因此,在进行卫星精密星历内插计算时可以对三个坐标选取不同的插值阶数,以期达到精度最优(程春 等,2018)。

参 考 文 献

程春,赵玉新,李亮,等,2018.北斗卫星实时和事后精密星历产品的性能评估[C].第九届中国卫星导航学术年会.

黄隽玮,李荣冰,王翌,等,2012.北斗 B1 QPSK 调制信号的高灵敏度捕获算法[J].航空计算技术,42(5):38-42.

汪威,陈明剑,闫建巧,等,2016.北斗三类卫星精密星历内插方法分析比较[J].全球定位系统,41(2):60-65.

谢非,刘建业,李荣冰,等,2014.北斗 QPSK 调制信号多星联合捕获算法[J].系统工程与电子技术,36(8):1595-1601.

中国卫星导航系统管理办公室,2017.北斗卫星导航系统空间信号接口控制文件—公开服务信号(2.1 版)[R].北京:中国卫星导航系统管理办公室.

中国卫星导航系统管理办公室,2017.北斗卫星导航系统空间信号接口控制文件—公开服务信号 B1C(1.0 版)[R].北京:中国卫星导航系统管理办公室.

中国卫星导航系统管理办公室,2017.北斗卫星导航系统空间信号接口控制文件—公开服务信号 B1C、B2a(测试版)[R].北京:中国卫星导航系统管理办公室.

中国卫星导航系统管理办公室,2017.北斗卫星导航系统空间信号接口控制文件—公开服务信号 B2a(1.0 版)[R].北京:中国卫星导航系统管理办公室.

中国卫星导航系统管理办公室,2018.北斗卫星导航系统空间信号接口控制文件—公开服务信号 B3I(1.0 版)[R].北京:中国卫星导航系统管理办公室.

中国卫星导航系统管理办公室,2019.北斗卫星导航系统空间信号接口控制文件—公开服务信号 B1I(3.0 版)[R].北京:中国卫星导航系统管理办公室.

RINEX Working Group, Radio Technical Commission for Maritime Services-Special Committee 104 (RTCM - SC104), 2015. The Receiver Independent Exchange Format, Version3.02[R]. International GNSS Service(IGS).

思　考　题

1. 为何要研究卫星运动,简述其在卫星导航定位中的作用。

2. 列举开普勒轨道六参数及其作用。

3. 基于卫星定位原理,北斗导航定位信号包含哪几部分,各部分有什么作用?

4. 简述卫星星历与历书区别,导航电文的定义及其作用。

5. 北斗导航电文 D1 与 D2 导航电文各自包括的内容有哪些?

6. 简述广播星历与精密星历的定义,并给出二者不同之处。

7. 结合坐标系统与时间系统相关知识,从时空转换角度给出计算卫星位置的框架思路。

第4章

北斗卫星导航接收机

4.1　GNSS 接收机基本原理

　　卫星导航接收机(即 GNSS 接收机)是卫星导航系统的用户设备,是实现卫星导航定位的终端仪器,能够接收、记录、储存和处理导航卫星发射的导航信号,获取导航电文和必要的观测量,实现用户的导航定位。

　　近年来,随着卫星导航技术的迅速发展,其应用已覆盖到很多领域。在原有定位、测速、授时功能的基础上,发展出很多新的应用,如:通过安装多天线,可为载体提供航向、姿态信息;利用两个载体之间的原始观测信息进行差分解算,来测量两个载体之间的相对位置、相对速度和时间信息;利用导航信号穿过大气层时受到折射现象,来反演研究大气信息;利用地球表面反射的导航信号,来反演研究海面风速、海冰厚度、土壤湿度等。

4.1.1　GNSS 接收机组成

　　由于功能和应用场景的不同,导航终端的形态各异,但其核心功能的组成基本相同,主要包括天线、导航模块及外围电路等部分,部分复杂功能还配置数据处理模块和处理软件,用于对观测数据进行精加工,在基本功能的基础上获得增值数据产品。图 4.1 是卫星导航接收机的基本构成。

　　导航天线接收到来自卫星的无线信号后通过馈线将信号传递到导航模块的射频通道;射频通道接收到该信号后经过放大、滤波、下变频等操作产生适合模拟转换的中频信号,模数转

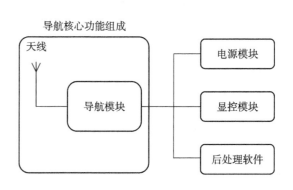

图 4.1　卫星导航接收机的基本构成

换器接收到该中频信号后将其数字化,并输出一定位数的数字信号到导航信号捕获跟踪单元;导航信号捕获跟踪单元对中频信号进行一系列的数字信号处理以恢复卫星播发的原始定位信息,再将原始定位信息以信息码流的形式输出到处理器(ARM或DSP);处理器根据原始定位信息解算出天线相位中心的位置和接收机移动速度,然后将这些信息传输给显控模块和后处理软件进行显示和进一步的处理。

导航天线的作用是将极微弱的卫星导航信号电磁波转化为电信号,供导航模块对信号进行跟踪、处理和测量。根据应用需要,天线可设计成工作在单一频率上,也可以工作在多个频率上。根据实现的技术途径不同,又可分为多种天线类型,如单极天线、双极天线、螺旋天线、四臂螺旋天线、微带天线等。一般对导航天线有以下几点要求:能够接收来自天线上半球的卫星导航信号,不产生死角,以保障导航模块能获得足够好的观测条件(较小的DOP值);对视场内的所有导航信号应有较一致的增益;保持天线相位中心高度稳定,并与其几何中心尽量一致;应有防护与屏蔽多路径效应的措施。

导航天线一般分为有源天线和无源天线两类。无源天线中只包含接收天线,适用于导航天线与导航模块之间距离非常近,电缆传输损耗可以忽略的应用场景。有源天线中除了接收天线以外还包括低噪声放大器,能够对收到的导航信号进行放大,适用于对灵敏度要求较高或导航天线与导航模块之间距离比较远的应用场景。

表4.1 常见的GNSS天线

天线类型	性能特点	典型图片
螺旋天线	频带宽,全向圆极化性能好,可接收来自任何方向的卫星信号。但也属于单频天线,不能进行双频接收,常用作导航型接收机天线	
微带天线	是在一块介质板的两面贴以金属片,其结构简单且坚固,重量轻,高度低。既可用于单频机,也可用于双频机,目前大部分测量型天线都是微带天线。这种天线更适用于飞机、火箭等高速飞行物上	
锥形天线	是在介质锥体上,利用印刷电路技术在其上制成导电圆锥螺旋表面,也称盘旋螺线型天线。这种天线可同时在两个频道上工作,主要优点是增益性好。但由于天线较高,而且螺旋线在水平方向上不完全对称,因此天线的相位中心与几何中心不完全一致。所以,在安装天线时要仔细定向,使之得以补偿	

（续表）

天线类型	性能特点	典型图片
扼流圈天线	通过若干个具有一定深度的同心圆槽组成的基底结构来充当天线接地板,槽深通常为四分之一波长左右,以使扼流圈表面呈现高阻抗特性,防止在其上形成表面波,从而降低天线后向增益和低仰角增益。其主要优点是可有效地抑制多路径误差的影响,提高卫星导航接收机在复杂环境下的定位精度。但目前这种天线体积较大且重,通常应用于高精度导航定位领域	

导航模块的主要功能是接收多个导航卫星的导航信号,分别进行捕获和稳定跟踪,获取伪距、载波相位、导航电文等观测数据,进行定位解算。一般情况下,导航模块内部集成了射频通道、基带单元、处理器、RTC、频率综合器、接口、电源管理等。物理形态方面,早期一般为射频芯片＋基带芯片的双片式芯片组形式,现在大部分为高集成度的单芯片形式。如图 4.2 所示。

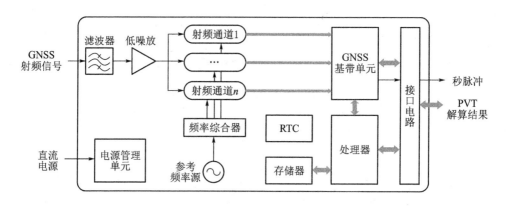

图 4.2 常见导航模块组成框图

导航模块各部分的功能如下:

射频通道的主要功能是对导航信号进行滤波、放大、变频和数字化,将导航信号下变频到容易处理的频段,转换为数字信号,一般情况下,导航模块内部的射频通道数量与导航模块的工作频点数相等,如双频点导航模块有两个射频通道。如图 4.3 所示,典型射频通道由低噪放、滤波器、变频器、自动增益放大器、参考频率源、频率综合器、模数转换等元器件组成,能够将位于较高频段的导航信号变换到中频或基带,并对信号进行放大,最终通过模数转换器变换成数字导航信号。

基带单元的主要功能是对数字化后的导航信号进行信号处理,在处理器的控制下,完成导航信号的捕获和跟踪,从导航信号中提取原始观测数据和导航电文。基带单元(见图 4.4)的主要组成部分有数十或上百个并行的相关通道,每个相关通道包括

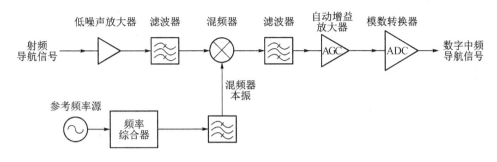

图 4.3 典型导航射频通道

本地载波生成、本地伪码生成、载波环路、伪码环路、载波剥离、伪码剥离等电路,能够完成一路导航信号的捕获和跟踪。

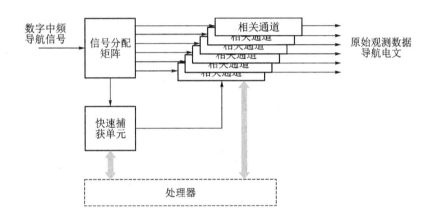

图 4.4 典型导航基带单元

处理器的主要功能是获取多颗卫星的原始观测数据和导航电文,进行定位解算。除此之外,处理器还负责控制导航信号的处理过程和接收机的对外通信。

RTC 即实时时钟,一般使用外接电池保障 RTC 在导航模块关闭时仍可维持导航模块本地时间,缩短导航模块定位所需时间。

频率综合器和参考频率源,按照频率规划产生射频通道、基带单元工作所需的时钟。

接口电路的主要功能是接收外部的控制指令,输出导航解算结果、原始观测数据、秒脉冲、工作状态参数等信息。

电源管理单元的主要功能是为导航模块内部各个电路提供工作所需的电源。

4.1.2 导航信号捕获跟踪流程

导航信号捕获的目的是搜索可视卫星发射的导航信号,获取导航信号载波频率和伪码相位的粗略范围,为导航信号的精确跟踪提供先验信息。导航信号跟踪的目的则是实时、精确地获取导航信号频率和伪码相位的变化情况,完成导航信号的解调和解扩,提取导航电文和原始观测数据(伪距、载波相位等),为导航定位解算提供数据支撑。

目前,绝大多数导航接收机都是数字化导航接收机,卫星导航信号经射频前端处理后,转换到数字域内,再进行导航信号的捕获、跟踪、解扩解调、提取电文和原始观测数据,最后由数字处理器进行定位解算。

1. 导航信号捕获

信号捕获是导航信号处理的第一步,只有完成导航信号的捕获,才有可能开展后续的信号跟踪、电文提取、观测量提取、定位解算等处理过程。

除了 GLONASS 系统以外,大部分导航系统都是码分多址系统,同一组导航信号使用相同的射频频点,各信号通过不同的伪随机码进行区分。即使是 GLONASS 系统,也在频分多址的基础上,使用一个伪随机码对各导航信号进行了扩频。因此,大部分卫星导航信号的捕获都可以看作是一个三维的搜索过程,第一个维度是从卫星的方向搜索,主要是搜索伪随机码或频点;第二个维度是从伪随机码的相位方向搜索;第三个维度是从多普勒频移的方向搜索,如图 4.5 所示。只有输入导航信号的卫星编号、伪码相位、多普勒正好处于搜索范围内,才会获得超过捕获门限的相关峰值,完成导航信号的捕获。

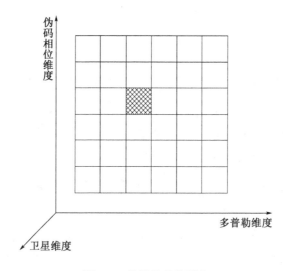

图 4.5 导航信号的捕获

对卫星的搜索有两种方式,当没有任何先验信息时,只能以一定的顺序对所有可能可视的导航卫星进行逐一搜索;当已知接收机位置、时间、卫星星历时,可以预计当前接收机可视的导航卫星,进行有针对性的搜索。

多普勒频率的搜索范围一般要覆盖载波多普勒频率的最大变化范围,并需要考虑本地参考时钟偏移对多普勒频率搜索造成的影响。对于静态或低速运动的接收机,多普勒搜索范围一般为±5 kHz;对于高速运动的接收机,多普勒搜索范围可能达到±30 kHz,甚至更宽。多普勒捕获中另一个重要参数是频率的搜索步长,一般情况下,搜索步长小于单次相关预算时间长度的倒数。

伪随机码相位搜索空间必须是伪随机码的所有码元,根据伪随机码的自相关特性,当错开0.5个码元时,自相关功率峰值会降低0.5,当错开超过0.5个码元时,自相关功率峰值会更低,容易造成虚警。因此,在设置伪随机码相位搜索步长时,一般不超过0.5个码元。

2. 导航信号跟踪

卫星导航接收机在完成信号捕获之后,得到了信号的卫星编号和伪随机码相位、载波频率的粗略值,之后信号处理进入跟踪过程。信号的跟踪有两个环节,一个是对载波频率的跟踪,称为载波跟踪环;另一个是对伪随机码相位的跟踪,称为码跟踪环。这两个跟踪环路紧密地耦合在一起,同时工作才能准确跟踪导航信号。导航接收机中的典型跟踪电路如图4.6所示。

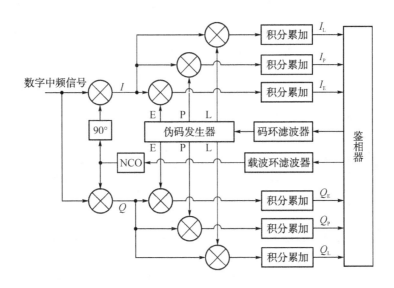

图4.6 导航接收机的典型跟踪环路

由于导航电文采取BPSK调制,使得接收到的导航信号的载波会产生180°相位翻转,因此一般载波跟踪环使用对相位翻转不敏感的Costas环。在Costas环中,本地产生相互正交的I、Q两路载波信号,分别与输入信号相乘,相乘结果经过积分累加以滤除高频成分,然后经过鉴相器计算出本地载波与输入信号载波之间的相位误差,经环路滤波器滤波后反馈给载波 NCO 以调整本地载波频率和相位,实现对输入信号的载波跟踪。表 4.2 列示了常见的 Costas 环鉴相器的算法、相位误差及鉴相特性。

表 4.2 常见的 Costas 环鉴相器

鉴相器算法	输出相位误差	鉴相特性
$I(t) \times Q(t)$	$\sin[2\phi(t)]$	经典的 Costas 环鉴相器,在低信噪比时接近最佳,斜率与信号幅度平方成正比,运算量适中
$\arctan[Q(t)/I(t)]$	$\phi(t)$	二象限反正切,在高、低信噪比时都可以达到最佳,斜率与信号幅度无关,运算量最大
$Q(t)/I(t)$	$\tan[2\phi(t)]$	在高、低信噪比时都能接近最佳的鉴相特性,斜率与信号幅度无关,运算量较大,在 ±90° 时会发散
$Q(t) \times \text{sgn}[I(t)]$	$\sin[2\phi(t)]$	在高信噪比时有接近最佳的鉴相特性,斜率与信号幅度成正比,运算量最小

码跟踪环一般采用延迟锁定环,利用伪随机码自相关特性曲线为三角形这一特性,构建超前(E)、即时(P)和滞后(L)三路本地伪随机码,分别与输入信号相乘,相乘结果经过积分累加以滤除高频成分,然后经过鉴相器计算出本地伪随机码与输入信号伪随机码之间的相位误差,经环路滤波器滤波后反馈给伪码发生器以调整本地伪随机码频率和相位,实现对输入信号的伪随机码跟踪。

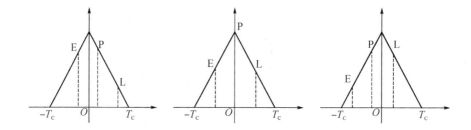

图 4.7 不同相位误差造成的 E、P、L 三路信号积分累加结果的相对变化

表 4.3 常见鉴别器算法及特性

鉴别器算法	特性
$D = I_E - I_L$	最简单的鉴别器,不需要 Q 支路,但要求载波跟踪环路能够严格锁定载波相位和频率
$D = \dfrac{(I_E^2 + Q_E^2) - (I_L^2 + Q_L^2)}{(I_E^2 + Q_E^2) + (I_L^2 + Q_L^2)}$	通用超前滞后能量差鉴别器,码元差大于 0.5 码元时性能依然良好,且能保持对噪声信号的跟踪

（续表）

鉴别器算法	特性
$D = (I_E{}^2 + Q_E{}^2) - (I_L{}^2 + Q_L{}^2)$	超前滞后能量差鉴别器，在码元差为 ± 0.5 码元处输出和 $D = I_E - I_L$ 几乎相同
$D = I_P(I_E - I_L) + Q_P(Q_E - Q_L)$	利用了六个积分累加器的输出，运算量大

4.1.3　几种常见的 GNSS 接收机实现方式

卫星导航接收机是卫星导航系统的重要组成部分，是市场规模最大和产业化最核心的环节。从 1981 年第一台民用 GPS 接收机问世以来，从只供少数人使用的笨重昂贵的设备到体积、重量、功耗、成本的不断降低，从单通道、单频、单系统、单一功能到多通道、多频、多系统、多功能，从模拟和分立器件到数字化、芯片化和软件化，卫星导航接收机技术有了长足的进步。

第一代：分立式器件导航接收机。在卫星导航接收机投入应用的早期，即 20 世纪 80 年代末 90 年代初，受限于硬件设计水平和芯片制造工艺的制约，GNSS 接收机需要使用众多的模拟、数字分立器件才能实现，一般情况下，仅射频前端就包括：低噪放、放大器、混频器、滤波器、锁相环、自动增益放大器、模数转换器等电路，接收机体积大、功耗高，一般以独立单机的形式投入应用，无法集成在其他设备中。

第二代：两片式（射频＋基带）导航接收机。随着微波集成电路技术和片上系统（SOC）技术的进步，特别是 GNSS 在民用领域体现出巨大市场发展前景，促使各大厂商在接收机小型化、低成本方面投入了大量的研究，接收机射频前端的集成度大大提高，出现了将所有射频元器件集成到一个芯片的单片式射频前端芯片，配合内嵌 CPU 的基带信号处理器，形成两片式 GNSS 接收机。使得 GNSS 接收机初步具备集成到复杂电子系统中的能力。

第三代：单片式导航接收机。随着微电子技术的发展和芯片制造工艺的进一步发展，2002 年前后，出现将射频前端电路、基带信号处理器和 CPU 集成到一起的单片式 GNSS 接收芯片，具有可靠性高、性能好、体积小、功耗低、成本低的特点，能够集成到几乎所有电子产品中，在手机、照相机、手表等个人消费电子产品中得到大量应用。

4.1.4　GNSS 接收机发展趋势

目前，卫星导航应用产业已成为当今国际公认的八大无线电产业之一。随着技术的进步、应用需求的增加，对卫星导航接收机产品和技术的研究也在不断地深入，呈现如下几个发展趋势：

（1）多系统兼容

由于多系统导航在可用性、连续性和完好性方面的保障远比单一导航系统要好，因此，卫星导航接收机有由单系统接收机向多系统兼容接收机转化的趋势，特别是北斗导航系统形成全球服务能力后，北斗/GPS组合的兼容接收机批量上市，在性价比上大大超过单一系统的接收机，促进了卫星导航兼容机市场规模的迅速扩展。

（2）导航增强

在实际使用环境下，卫星导航接收机可能受到某些因素的影响，导航信号的可用性与完好性都会发生显著降低，从而会影响到最终的导航定位结果。对此，可通过导航增强技术来提高导航定位性能。目前，北斗卫星导航系统的地基增强系统已经建成，初步形成基于北斗的一体化高精度应用服务体系，能够提供实时米级、分米级、厘米级，后处理毫米级高精度定位服务能力。

（3）软件无线电接收机

软件无线电是一种新的通信体系结构，突破了以往接收机功能单一、可扩展性差和以硬件为核心的设计局限。软件无线电接收机简称软件接收机，结构具有非常强的通用型，可用来实现多频段、多用户和多体制的通用接收机，使得接收机在性能、尺寸、重量、功耗和成本方面具有巨大的优势，成为卫星导航接收机一个重要的发展方向。

（4）组合导航

虽然卫星导航具有全球、全天候、高精度、实时定位等优点，但是其动态性能和抗干扰能力较差。组合导航系统通常利用卫星导航、惯性导航以及数字地图GIS或者其他技术相互组合而成，能够充分发挥各种导航技术的优点，克服缺点，实现复杂应用环境下实时、高精度的导航定位。目前常见的组合导航定位技术主要有：卫星导航/惯性导航、卫星导航/惯性导航/GIS等。

4.2　GNSS 接收机的分类

4.2.1　按工作原理分类

基于被动式定位原理的导航卫星测量技术，关键在于怎样测得导航信号接收天线和导航卫星之间的距离（简称站星距离）。按测量站星距离所用测距信号的不同，卫星导航接收机可以分成下列几种类型（刘基余，2008）：

（1）码相关型接收机：利用伪随机码相关技术得到伪距观测值，进行测距和定位。

（2）平方型接收机：对无法获得伪码信息的导航信号，利用平方技术去掉调制信号，来恢复导航信号中的载波，通过相位计测定接收机内产生的载波信号与接收到的载波信号之间的相位差，测定伪距观测值。

（3）混合型接收机：综合码相关型和平方型两种接收机的优点，既可以得到码相位伪距，也可以得到载波相位观测值。

（4）干涉型接收机：将导航卫星作为射电源，采用干涉测量方法，测定两个测站间距离。

近年来，平方型接收机已经从市场上消退了，但平方测量技术，仍用于测地型接收机，且有了较大的改进和发展。

4.2.2 按用途分类

卫星导航接收机可以全天候、全天时、全球性和高精度地测量载体的位置、速度和时间参数，其用途之广、影响之大，是任何其他无线电接收设备望尘莫及的。上至航空航天器，下至游艇渔船、工程施工测量、海底走线放样和个人旅游娱乐，均可利用卫星导航接收机。但观其功能，主要分成下列几种类型：

（1）测地型接收机：厘米级精度，主要用于精密大地测量和精密工程测量，主要采用载波相位观测值进行相对定位，定位精度高、仪器结构复杂、价格较贵。

（2）导航型接收机：米级精度，主要用于运动载体的导航，它可以实时给出载体的位置和速度，一般采用低速率民用伪码测量，单点实时定位精度较低，一般为±15 m，这类接收机价格便宜，应用广泛，根据应用领域的不同，此类接收机可以进一步分为：

① 车载型——用于车辆导航定位；

② 航海型——用于船舶导航定位；

③ 航空型——用于飞机导航定位，要求能适应高速运动；

④ 星载型——用于卫星的导航定位，要求接收机适应高度大于300 km、速度大于7 km/s的工作环境。

（3）授时型接收机：专用于时间测定和频率控制，主要利用导航卫星提供的高精度时间标准进行授时，常用于天文台及无线电通信中时间同步。

4.2.3 按所用载波频率分类

各卫星导航系统均采用多个载波频段播发导航信号，按照使用载波频率的多少，卫星导航接收机可以分成下列几种类型：

（1）单频接收机：仅使用一个载波及其调制信号进行导航定位测量，由于不能有效消除电离层延迟影响，单频接收机只适用于短基线（小于 15 km）的精密定位。

（2）双频接收机：同时使用两个载波及其调制信号进行导航定位测量，利用双频对电离层延迟的不一样，可以消除电离层对电磁波信号延迟的影响，因此双频接收机可用于长基线的精密定位。

（3）多频接收机：同时使用两个以上载波及其调制信号进行导航定位测量，具有比双频接收机更高的精密定位性能。

4.2.4　按接收机通道方式分类

GNSS 接收机能同时接收多颗 GNSS 卫星的信号，为了分离接收到的不同卫星的信号，以实现对卫星信号的跟踪、处理和量测，具有这样功能的器件称为导航信号处理通道。根据接收机所具有的通道种类可分为：

（1）时序接收机：一般采用单通道或双通道，按时间分割法依次实现对各个导航信号的跟踪和测量，其间断跟踪某个导航信号的时间间隔在 20 ms 以上。

（2）多路复用接收机：单通道多路复用接收机，能同时接收多颗卫星的信号，而共用同一通道，以此来抵消通道间的时延差别，与时序接收机最大的不同是它间断跟踪的时间间隔小于 20 ms。

（3）多通道接收机：又称为并行通道接收机，具有多个并行的导航信号处理通道，通道间的时延偏差很小，能同时跟踪和测量多个导航信号。

4.3　北斗卫星导航接收机性能

4.3.1　北斗系统导航业务功能

与其他几种卫星导航系统不同，北斗导航系统同时向用户提供 RNSS（卫星无线电导航系统）和 RDSS（卫星无线电测定服务）两种服务，卫星导航接收机需要根据所使用的服务类型具有相应的功能。

RNSS 英文全称为 Radio Navigation Satellite System，是一种卫星无线电导航业务，由用户接收卫星无线电导航信号，自主完成至少到 4 颗卫星的距离测量，进行用户位置、速度及航行参数计算。目前，四大 GNSS 系统均提供 RNSS 服务。

RDSS 英文全称为 Radio Determination Satellite Service，是一种卫星无线电测定业务，用户至卫星的距离测量和位置计算无法由用户自身独立完成，必须由外部系统通过用户的应答来完成。其特点是通过用户应答,在完成定位的同时,完成了向外部系统的用户位置报告,还可实现定位与通信的集成。与 RNSS 业务不同,RDSS 业务只需要 2 颗导航卫星即可完成用户定位解算。目前,四大 GNSS 系统中仅有北斗导航系统提供 RDSS 服务。

(1) RNSS 业务功能

① 导航定位功能:可捕获跟踪所有有效可视的北斗导航卫星的导航信号,进行位置、速度和时间结算。

② 接收机自主完好性监测:接收机应利用冗余的卫星观测数据,实现接收机自主完好性监测(Receiver Autonomous Integrity Monitoring,RAIM),当监测到故障卫星或当 RAIM 算法无法剔除异常卫星信号参与定位解算时,应向用户给出提示。

(2) RDSS 业务功能

① 定位申请功能:用户可设置定位信息类别,定位申请受注册的服务频度限制。

② 通信申请:用户可设置通信信息类别,用户一次入站通信电文长度受通信等级限制。

③ 位置报告:用户可选择位置报告 1 和位置报告 2 两种方式进行位置报告申请,并可设置位置报告频度。

④ 抑制:接收中心控制系统发出"抑制"指令后,则不再发射任何入站申请(通信回执除外),直至对本机的"抑制"指令解除。

⑤ 口令识别:接收到"口令识别",判断无误后即自动完成一次定位申请,并根据"询问口令"要求确定是否发送"应答口令"。当需要发送应答口令时,在相应的通信电文中回答约定的"口令"。

北斗 RDSS 服务属于有偿服务,用户机需要装载授权的北斗用户卡才能使用,每张北斗智能卡都有唯一的序列号,用于身份识别。

北斗 RDSS 用户需要响应服务波束并将观测数据回传到中心站进行处理。由于卫星和地面设备通信链路带宽和容量有限,入站和出站的资源都是有限的,因此必须对频度加以限制,根据用户的需求及重要等级进行区分。每个 RDSS 授权用户的服务频度是一个固定数值,按服务频度的不同数值范围,可划分用户机类型,具体划分见表4.4。

图4.8 北斗民用智能卡

表 4.4　北斗智能卡服务频度

用户类别	服务频度	备注
一类	300～600 s	默认 600 s
二类	10～60 s	默认 60 s
三类	1～5 s	默认 5 s

单次发送服务申请之间的时间间隔要求不小于该用户的服务频度参数值。另外，用户在使用 RDSS 定位/短报文服务时可自行设置连续申请的频度，但也必须大于或等于本用户的服务频度值。对于不符合服务频度的使用方式，中心站不予处理，直到时间延迟至符合条件为止。

4.3.2　北斗系统短报文业务功能

北斗用户机在以 RDSS 模式进行工作时，除了完成必要的用户应答以外，还可以通过北斗卫星和地面中心站完成与其他北斗用户机的短报文通信。由于北斗系统的主要任务是定位导航，通信的信道资源很少，因此北斗短报文无法完成实时的话音通信，只能完成数据量较少的短信功能。即使如此，短报文通信依旧成为北斗导航系统区别于其他导航系统的一大特色，北斗用户机同时集成了导航功能和卫星通信功能，具有非常广泛的应用前景。

简单地说，北斗短报文可以看作是手机中常用的"短信息"，能够在用户与用户、用户与中心控制系统之间实现双向简短报文通信，在海洋、沙漠和野外等没有地面通信网络的地方，安装了北斗用户机的用户，既可以定位自己的位置，也能够向外界发布文字信息。

北斗短报文是北斗导航定位系统独一无二的功能，在一些专业领域或科研方面的应用非常显著和重要。比如在普通移动通信信号不能覆盖的情况下（地震灾害过后通信基站遭到破坏或者野外无人区、海洋等没有移动信号覆盖的地区），装有北斗短报文模块的北斗终端就可以通过短报文进行应急通信。除此之外北斗短报文还可以运用到地质监测中，在各个监测点布好之后通过短报文直接向中心系统传递变化资料，经过计算后及时应对突发自然灾害。另外，具有北斗短报文模块的终端设备，还可以在边境巡逻、单兵特种作战、反恐安全、抗险救灾、野外作业、野外探险等方面使用。

北斗短报文通信流程：

（1）短报文发送方首先将包含接收方 ID 号和通信内容的通信申请信号加密后通过卫星转发入站。

（2）地面中心站接收到通信申请信号后，经脱密和再加密后加入持续广播的出站广播电文中,经卫星广播给短报文接收方。

（3）接收方用户机接收出站信号,解调解密出站电文,完成一次通信。

北斗短报文通信在使用时,系统对短报文的发送频度和电文长度都有限制。一般用户可申请到二类北斗智能卡,使用频度是 1 min,也就是 1 min 可以发送一次北斗短报文。如果需要更高频度,需要在入网时提出申请三类北斗智能卡。北斗短报文模块一次入站通信电文长度受注册的通信等级控制,通信等级应在单元自检和初始化时从智能卡中获得,通信等级定义见表 4.5。

表 4.5 北斗智能卡通信等级

通信等级	电文长度	备注
1	110 bit	7 个汉字和 27 个 BCD 码
2	408 bit	29 个汉字和 102 个 BCD 码
3	628 bit	44 个汉字和 157 个 BCD 码
4	848 bit	60 个汉字和 210 个 BCD 码

4.3.3 卫星导航接收机主要指标

为适应我国卫星导航发展对标准的要求,全国北斗卫星导航标准化委员会组织制定了北斗专项标准。有关北斗卫星导航接收机的主要指标如表 4.6 所示(中国卫星导航系统管理办公室,2015)。

表 4.6 卫星导航接收机主要指标

指标名称	指标含义	单位
工作频率	导航接收机能够处理导航信号的频点和信号带宽	MHz
工作模式	一般指导航接收机采用哪个系统或哪几种导航系统完成定位,如单系统模式、双系统组合模式和多系统组合模式	—
天线增益	导航天线在一定仰角范围内对接收信号的放大倍数	dB
天线噪声系数	有源天线内部低噪声放大器(LNA)的噪声系数	dB
天线相位中心偏差	天线的相位中心是指天线的电气中心,在实际应用中,天线相位中心与天线几何中心总是存在一定的偏差,该偏差称为天线相位中心偏差	mm
冷启动时间	在完全没有先验信息(初始位置和星历)的情况下,从开机到完成首次定位解算所需的时间	s

（续表）

指标名称	指标含义	单位
热启动时间	关机时间小于2 h、位置没有过多移动的情况下，从开机到完成首次定位解算所需的时间	s
温启动时间	关机时间大于2 h、位置没有过多移动的情况下，从开机到完成首次定位解算所需的时间	s
重新捕获时间	受到外界影响导致信号失锁不能正常定位后，从外界影响消失到首次定位的时间	s
跟踪灵敏度	能够保持稳定跟踪、获取符合指标要求的原始观测量和电文所需的最低的导航信号功率	dBm 或 dBW
捕获灵敏度	能够以一定概率完成信号捕获所需的最低的导航信号功率	dBm 或 dBW
定位误差	接收机定位结果与导航天线相位中心实际位置之间的统计误差，常以单轴、三轴合成或水平、垂直误差表示	m
速度误差	接收机速度解算结果与天线相位中心实际速度之间的统计误差，常以单轴、三轴合成或水平、垂直误差表示	m/s
秒脉冲精度	接收机输出秒脉冲有效沿对应的时间与导航系统时（或UTC时）真实时间之间的误差	ns
数据更新率	接收机更新导航解算结果的频率	Hz
动态限制	导航模块能够适应的最大高度、最大速度和最大加速度	—

4.3.4 常规指标的测试方法

（1）静态定位精度

将被测 GNSS 导航接收机的天线按使用状态固定在一个位置已知的标准点上，连续测试 24 h 以上，将获取的定位数据与标准点坐标进行比较，计算定位精度。

（2）动态定位精度

使用模拟器进行测试，设置模拟器仿真载体运动轨迹。被测 GNSS 导航接收机接收模拟器输出的射频仿真信号，每秒钟输出一次定位数据，以模拟器仿真的用户位置作为标准位置，计算定位精度。

依次用模拟器仿真不同动态的用户运动轨迹，每条轨迹的仿真时间不小于 5 min，各条轨迹的最大速度、最大加速度取值应达到被测 GNSS 导航接收机的设计值。对上

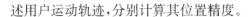

述用户运动轨迹,分别计算其位置精度。

（3）测速精度

用 GNS 模拟器模拟卫星导航信号和用户运动轨迹,输出射频仿真信号。被测 GNSS 导航接收机接收射频仿真信号,按 1 Hz 的更新率输出速度数据,以模拟器仿真的速度作为标准,计算速度误差及其分布。依次用模拟器仿真不同动态的用户运动轨迹,每条轨迹的仿真时间不小于 5 min,各条轨迹的最大速度、最大加速度取值应达到被测 GNSS 导航接收机的设计值。对上述用户运动轨迹,分别计算其测速精度。

（4）动态性能

用 GNSS 模拟器模拟卫星导航信号和最大用户动态运动轨迹。被测 GNSS 导航接收机接收射频仿真信号,每秒钟输出一次测速数据,以模拟器仿真的位置和速度作为标准,计算动态定位精度和测速精度。

（5）冷启动首次定位时间

用模拟器进行测试,设置模拟器仿真最大用户动态运动轨迹。使被测 GNSS 导航接收机在下述任一种状态下开机,以获得冷启动状态:

① 为被测 GNSS 导航接收机初始化一个距实际测试位置不少于 1 000 km 但不超过 10 000 km 的伪位置,或删除当前历书数据。

② 7 天以上不加电。

以 1 Hz 的位置更新率连续记录输出的定位数据,找出首次连续 10 次输出三维定位误差符合指标要求的定位数据,计算从开机到上述 10 个输出时刻中第 1 个时刻的时间间隔,为冷启动首次定位时间。

（6）热启动首次定位时间

用模拟器进行测试,设置模拟器仿真最大用户动态运动轨迹。在被测 GNSS 导航接收机正常定位状态下,短时断电 60 s 后,被测 GNSS 导航接收机重新开机,以 1 Hz 的位置更新率连续记录输出的定位数据,找出首次连续 10 次输出三维定位误差符合指标要求的定位数据,计算从开机到上述 10 个输出时刻中第 1 个时刻的时间间隔,为热启动首次定位时间。

（7）重捕获时间

用模拟器进行测试,设置模拟器仿真最大用户动态运动轨迹。在被测 GNSS 导航接收机正常定位状态下,短时中断仿真器输出卫星信号 30 s 后,恢复卫星信号输出,以 1 Hz 的位置更新率连续记录输出的定位数据,找出自卫星信号恢复后,首次连续 10 次输出三维定位误差符合指标要求的定位数据,计算从卫星信号恢复到上述 10 个输出时刻中第 1 个时刻的时间间隔,为重捕获时间。

（8）捕获灵敏度

用模拟器进行测试,设置模拟器仿真最大用户动态运动轨迹。设置模拟器输出的各颗卫星导航信号功率电平一致,电平从导航单元不能捕获信号的状态开始,以 1 dB 步进增加。在模拟器输出信号的每个电平值下,被测 GNSS 导航接收机在冷启动状态下开机,若其能够在指标规定的时间内捕获导航信号,并以 1 Hz 的更新率连续 10 次输出三维定位误差符合指标要求的定位数据,符合该要求的最低电平值为捕获灵敏度。

（9）跟踪灵敏度

用模拟器进行测试,设置模拟器仿真最大用户动态运动轨迹。设置模拟器输出的各颗卫星导航信号功率电平一致,在导航单元正常定位的情况下,设置模拟器输出的导航信号电平以 1 dB 步进降低。在模拟器输出信号的各电平值下,测试导航单元能否在 300 s 内连续 10 次输出三维定位误差符合指标要求的定位数据,找出能够使导航单元满足该定位要求的低电平值,为跟踪灵敏度。

（10）位置更新率

用模拟器进行测试,设置模拟器仿真运动用户轨迹,在 10 min 内,每隔 1 s 检查导航单元的位置数据输出,记录每次位置数据的更新时刻。

4.4 北斗导航接收机数据格式

GNSS 接收机工作时需要不同的信号线路,在成功计算出位置和时间信息后,将播发不同变量的值。为确保能在不同类型的设备上使用,这些数据或者采用国际标准格式进行信息输出,或者采用制造商提供的特定（专有）格式和协议进行信息输出。

4.4.1 NMEA 数据接口

为了向周边设备(如计算机、显示屏、收发机)转发计算出的位置、速度、航向等卫星导航变量,GNSS 接收机会配备一个输入/输出接口(一般为异步串口或 USB)。最重要的接收机信息要素通过这个接口以特殊数据格式播发。NMEA 协议是为了在不同的 GNSS 导航设备中建立统一的数据通信标准,确保不同厂家生产的 GNSS 接收机能够以统一的数据格式为用户提供服务。

NMEA 是国际海洋电子协会(National Marine Electronics Association)的缩写,该协会定制的 NMEA－0183 数据格式,是一套定义 GNSS 接收机输出的标准信息,其下载地址为: https://www. nmea. org/content/STANDARDS/NMEA ＿ 0183 ＿ Standard。

NMEA 实际上已成为所有的 GNSS 接收机最常见、最通用、应用最广泛的数据输出格式,同时它也被用于与 GNSS 接收机接口的大多数软件包里,大多数常见的 GNSS 接收机、GNSS 数据处理软件、导航软件都遵守或者至少兼容这个协议。

　　NMEA‐0183 格式与专业 RTCM2.3/3.0 和 CMR＋的 GNSS 数据格式不同,NMEA‐0183 格式主要针对民用定位导航设备,通过 NMEA‐0183 格式可以实现 GNSS 接收机与外界设备间的数据交换,可以通过 USB 和 COM 口等通用数据接口进行数据传输,其兼容性高,数据传输稳定。同时 NMEA‐0183 可以作为民用差分 GNSS 服务解算基础数据,通过 CORS 参考站和 GPRS/CDMA 公网通信,直接接收 NMEA‐0183 兼容格式的差分信息,实现一般差分 GNSS 服务。

　　NMEA 通信协议所规定的通信语句都是以 ASCII 码为基础的,NMEA‐0183 协议语句的数据格式如下:"＄"为语句起始标志;","为域分隔符;"＊"为校验和识别符,其后面的两位数为校验和,代表了"＄"和"＊"之间所有字符的按位异或值(不包括这两个字符);"/"为终止符,所有的语句必须以其结束,也就是 ASCII 字符的"回车"(十六进制的 0D)和"换行"(十六进制的 0A)。

　　NMEA‐0183 协议定义的语句非常多,但是常用的语句只有 ＄BDGGA、＄BDGSA、＄BDGSV、＄BDRMC、＄BDVTG、＄BDGLL 等。

表 4.7　NMEA‐0183 常用语句

语句	含义
＄BDGGA	BDS 定位信息。该语句中反映 BDS 定位主要数据,包括经纬度、质量因子、HDOP、高程、参考站号等字段
＄BDGSA	当前卫星信息
＄BDGSV	可见卫星信息,反映 BDS 可见星的方位角、俯仰角、信噪比等
＄BDRMC	推荐定位信息
＄BDVTG	地面速度信息
＄BDGLL	定位地理信息

4.4.2　RTCM 数据接口

　　随着全球卫星导航系统的蓬勃发展,差分 GNSS 得到越来越广泛的应用。为了满足 GNSS 系统的高精度差分定位及增强服务的需求,国际海运事业无线电技术委员会(Radio Technical Commission for Maritime services, RTCM) 在 1983 年设立了 SC-104专门委员会,用于论证提供差分 GNSS 业务的各种方法,并制定各种数据格式标准。SC-104专门委员会1985年推出RTCM V1.0版本的建议文件;经过大量的试验验证,对该版本进行了升级,1990年颁布了RTCM V2.0版本,该版本增大了可用信息量,差分定位精度由V1.0版本的8～10 m提高到2～3 m;为了适应载波相位差分的需求,RTCM于1994年颁布了V2.1版本,增加了支持实时载波相位差分的新电文,随后又发布了V2.2和V2.3版本,实时动态定位精度达到5 cm;2004年发布了V3.0版本,增加了用于网络RTK的电文;为了满足日益增多的卫星导航系统以及多频导航信号的需求,2013年推出V3.2版本。RTCM标准下载地址为:https://rtcm.myshopify.com/collections/differential-global-navigation-satellite-dgnss-standards。纵观RTCM差分协议的发展,每一种新的版本的出现都是由于差分GNSS技术的发展,对数据协议有了新的需求,每一个新版本的出现,都会带来定位精度的提高(于晓东 等,2015)。

RTCM标准的电文由五部分组成,包括一个固定的引导字、保留字、消息长度、消息体和一个24 bit周期冗余检校组成,具体的消息结构框架见表4.8。

表4.8　RTCM V3.2消息结构框架

类型	引导字	保留字	信息长度	可变长度消息	CRC校验
bit	8	6	10	非固定长度	24
说明	固定字符11010011	未定义(000000)	以比特为单位的消息长度	0～1 023 B	CRC-24检校结果

引导字,即数据头,用于判断每一段二进制数据流的起始位置;保留字在V3.1、V3.2版本未被定义,在后续版本中该字段将可能包含测站标识或顺序号;信息长度所指的数量为变长数据信息的具体字节数,用于信息内容的截取;CRC-24校验码用于判断接收数据的正确性。

RTCM V3.2版本的内容分为RTK、网络RTK、状态空间差分SSR、辅助GNSS技术等协议,这些功能主要应用于GNSS高精度实时定位领域。RTCM V3.2标准的制定和修正,不仅弥补了之前版本中的缺陷,还增加和扩展了多种网络RTK信息,定义了包含GPS、GLONASS、Galileo和北斗的多信号信息组(MSM),拓宽了RTCM的应用领域。尤其值得强调的是MSM电文组可以对北斗系统提供支持,这对北斗的高精度差分定位服务有着重要的意义。

为了满足日益增多的卫星导航系统以及多频的需求,RTCM V3.2在保留了之前版本各电文定义外,又引入了多信号电文组(MSM)。MSM电文组不仅能支持原有格式中包含的DGNSS/RTK的信息,还能实时传输、保存基于网络的RINEX格式观测值。MSM电文组由于其通用性更好,便于编码、解码,未来将是实时GNSS数据传输的重要方式。MSM电文组由三部分组成,分别为电文头、卫星数据和信号数据。

（1）电文头:各MSM电文组的电文头是相同的,包含了该条消息的基本情况,通过解码电文头,可以得到消息类型、参考站信息、各观测值信息、电文长度等。

（2）卫星数据:描述了卫星到测站概率距离的信息,排列顺序按照电文头中定义的卫星标志组。

（3）信号数据:不同于传统的电文类型,传统电文采用以卫星为单位,每颗卫星的数据结构相同,MSM信号数据是按数据字段类型排列,依次存放所有卫星、所有信号的伪距载波值、半周模糊度标志位、信噪比等。

4.4.3 RINEX 数据接口

RINEX(Receiver Independent Exchange Format、与接收机无关的交换格式)是一种在卫星导航测量应用中普遍采用的标准数据格式。该格式采用文本文件存储数据,数据记录格式与接收机的制造厂商和具体型号无关。

目前,RINEX格式已经成为卫星导航测量应用的标准数据格式,几乎所有测量型卫星导航接收机厂商都提供将其格式文件转换为RINEX格式文件的工具,而且几乎所有的数据分析处理软件都能够直接读取RINEX格式的数据。这意味着在实际观测作业中可以采用不同厂商、不同型号的接收机进行混合编队,而数据处理则可采用某一特定软件进行。RINEX标准下载地址为:https://kb.igs.org/hc/en-us/articles/201096516-IGS-Formats。

RINEX2格式中定义了六种不同类型的数据文件,分别用于存放不同类型的数据,它们分别是观测文件(用于存放GNSS观测值)、导航文件(用于存放GNSS卫星导航电文)、气象文件(用于存放在测站处所测定的气象数据)、GLONASS导航电文文件、GEO导航电文文件、卫星和接收机钟文件。对于大部分用户来说,RINEX格式的观测数据、导航电文和气象数据文件最为常见,前两类数据在进行数据处理分析时通常是必需的,而其他类型的数据则是可选的。

RINEX3是最新的RINEX格式标准。与之前的版本相比,新的标准对之前的文件类型做了较大幅度的修改,将文件格式精简为观测文件、导航文件和气象文件三种,并能够更好地提供对多卫星系统的支持。在新标准的观测文件、导航文件中,既可以包含单一卫星系统的数据,也可以包含来自不同卫星系统的混合数据。文件所包含的卫星系统依然可以通过文件名进行区分。新的RINEX格式抛弃了以往在文件扩展名中加入观测年份的特点,只包含两种扩展名:.rnx表示标准的RINEX文件;.crx表示压缩过的Compact RINEX格式。新的RINEX文件命名方式为:

〈SITE〉〈RN〉〈CRC〉_〈S〉_〈YEARDOYHRMN〉_〈LEN〉_〈FRQ〉_〈ST〉.〈FMT〉

文件名各部分释义：

〈SITE〉为四个字符的观测站点名；

〈RN〉为接收机的编号；

〈CRC〉为三位 ISO 3166-1 标准的国家和地区代码,标识站点位置；

〈S〉为数据源,即数据来源于接收机(R)还是数据流(S)；

〈YEARDOYHRMN〉为观测开始时刻:年、年积日、时、分；

〈LEN〉为观测时段的长度；

〈FRQ〉为观测时的采样间隔或采样频率(星历文件无此项)；

〈ST〉为包含的卫星系统和数据类型,第一位表示卫星系统(M、G、R、C、E、J、I)；第二位为数据类型,即观测文件(O)、导航文件(N)或气象文件(M)；

〈FMT〉为扩展名,扩展名只有两种:rnx 或 crx。

```
     2              NAVIGATION DATA                    RINEX VERSION / TYPE
EPHTORNX          Version 1.09        29-NOV-95 21:05  PGM / RUN BY / DATE
    .1676D-07   .2235D-07  -.1192D-06   -.1192D-06     ION ALPHA
    .1208D+06   .1310D-07  -.1310D+06   -.1966D+06     ION BETA
    .133179128170D-06 .107469588780D-12      552960  39 DELTA-UTC: A0,A1,T,W
   10                                                  LEAP SECONDS
                                                       END OF HEADER
 9 94 10 21  8  0  0.0-0.103851780295D-04-0.909494701773D-12 0.000000000000D+00
   0.720000000000D+02 0.106062500000D+03 0.476841277575D-08 0.132076112444D+01
   0.548548996449D-05 0.312971079256D-02 0.747293233871D-05 0.515371790504D+04
   0.460800000000D+06 0.558793544769D-07-0.229012694900D+01-0.130385160446D-07
   0.950477774712D+00 0.229593750000D+03-0.491558992251D+00-0.819034084998D-08
   0.233938313166D-09 0.100000000000D+01 0.771000000000D+03 0.000000000000D+00
   0.700000000000D+01 0.000000000000D+00 0.139698386192D-08 0.328000000000D+03
   0.000000000000D+00
17 94 10 21  8  0  0.0-0.635907053947D-04-0.909494701773D-12 0.000000000000D+00
   0.228000000000D+03 0.167187500000D+02 0.424946255961D-08 0.104717256943D+01
   0.566244125366D-06 0.790101150051D-02 0.883266329765D-05 0.515369790649D+04
   0.460800000000D+06 0.279396772385D-07 0.925235566518D+00-0.203028321266D-06
   0.970438658460D+00 0.214781250000D+03 0.199825790573D+01-0.789747200969D-08
   0.404659722397D-09 0.100000000000D+01 0.771000000000D+03 0.000000000000D+00
   0.700000000000D+01 0.000000000000D+00 0.139698386192D-08 0.484000000000D+03
   0.000000000000D+00
```

图 4.9　RINEX 格式文件示例(部分)

RINEX 格式的数据文件采用文本形式进行存储,可以使用任何标准文本编辑器进行查阅编辑。所有类型的 RINEX 格式文件,都由文件头和数据记录两节所组成。每一节中含有若干记录,每一记录通常为一行,由若干字段所组成,每行最大字符数为80。当一个记录的内容超过 80 个字符时可以续行,字段在行中所处位置及宽度(即起始列和列宽)有严格规定,不能错位。

RINEX 格式文件的文件头用于存放与整个文件有关的全局性信息,位于每个文件的最前部,其最后一个记录为"END OF HEADER"。在文件头中,每一记录的第61~80 列为该行记录的标签,用于说明相应行上第 1~60 列中所表示的内容。文件的记录数据紧跟在文件头的后面,随文件类型的不同,所存放数据的内容和具体格式也不相同。

4.4.4　私有数据接口

行业内一些大的制造商为卫星导航接收机提供了私有数据口。与 NMEA 标准相比,私有数据接口具有以下优势:

(1) 对发送的数据范围进行了扩充:如可发送 NMEA 协议不支持的信息。

(2) 更高的数据密度:大部分私有协议使用二进制数据格式,因而数字和布尔值可用更紧凑的方式发送。可以将数据密集型的通知(如星历)放入一个通知中。由于数据密度高,可做到发送间隔加大、数据发送速度稳定。

(3) GNSS 接收机采用各种类型的配置。

(4) 优化了与制造商的特定评估和可视化工具的连接,可精确分析接收状态。

(5) 可下载制造商特定的最新版 GNSS 固件。只有配备了适当闪存的 GNSS 接收机才支持该功能。

(6) 从 GNSS 制造商的角度看,通过对 GNSS 信息不同数据集分发的改进,可避免发送冗长以及应用中不需要的数据。

(7) 校验和可提供良好的完整性和安全性。

(8) 使主机读取和记录收到的数据的工作量降至最低。无须将内部二进制格式中的数字数据转换为 ASCII 格式。

通常使用的私有数据接口类型有三种:

(1) 补充 NMEA 数据集:信息按通常的 NMEA 数据格式编码(基于文本,采用逗号等分隔数据),但开始符号(＄符号)之后为制造商特定地址数据。许多 GNSS 制造商通过该附加通知来提供较常用的信息。由于数据密度不够并有大量的二进制数据转换为文本格式,因此 NMEA 格式不适于高效发送大量信息。

(2) 二进制格式。

（3）基于文本的格式。

参 考 文 献

刘基余,2008.GPS 卫星导航定位原理与方法[M].北京:科学出版社.

于晓东,吕志伟,王兵浩,等,2015.DGNSS 数据传输格式 RTCM3-2 的介绍及解码研究[J].全球定位系统,40(3):37-41.

中国卫星导航系统管理办公室,2015.北斗/全球卫星导航系统(GNSS)导航单元性能要求及测试方法[R].北京:中国卫星导航系统管理办公室.

思 考 题

1. 卫星导航接收机的组成有哪些？

2. 卫星导航接收机的分类有哪些？

3. 导航接收机常见指标有哪些？

4. 导航接收机的常见接口协议有几个,主要功能是什么？

5. 什么是 RDSS 服务？

6. 什么是 RNSS 服务？

7. 名词解释:NMEA, RTCM, RINEX。

第 5 章
北斗卫星导航系统的误差源

5.1 概　　述

　　北斗卫星信号在卫星钟控制下由北斗卫星发射并经过大气传播,最终被地面接收设备接收,其获取的伪距观测值和载波相位观测值不可避免地含有各项误差,涉及的各项误差根据误差源可以大体分为三类(李征航 等,2010):与卫星有关的误差、与信号传播有关的误差、与接收机有关的误差,如图 5.1 所示。误差分类及其改正是实现高精度导航、定位、授时的基础,也是本章的主要内容。

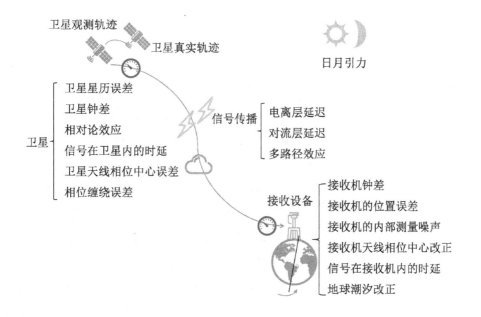

图 5.1　北斗导航定位中的误差源及其分类

5.1.1 误差分类

1. 与卫星有关的误差

（1）卫星星历误差

由卫星星历计算出的卫星轨道与卫星的实际轨道之差称为卫星星历误差。星历误差的大小主要取决于卫星定轨策略，如定轨系统采用的地面测站数量及其地理分布、观测值精度、力学模型和定轨软件的完善程度等；此外，还与卫星星历的外推时间间隔大小（实测星历的外推时间间隔可视为零）直接相关。

（2）卫星钟差

卫星上虽然搭载了高精度的原子钟，但它们不可避免地存在误差，这种误差既包含系统性误差（如钟差、钟速、频漂等偏差），也包含随机误差。系统性误差可以通过检验和比对来确定并通过模型加以改正，而随机误差只能通过钟的稳定度来描述其统计特性，无法确定其符号和大小。

（3）相对论效应

相对论效应是指由于卫星钟和接收机钟所处的状态（运动速度和重力位）不同而引起两台钟之间产生相对钟误差的现象，由于相对论效应是以卫星钟的钟误差的形式加以改正，因此将其归入卫星有关的误差。上述误差对伪距观测值和载波相位观测值的影响是相同的。

（4）信号在卫星内的时延

BDS测量测定的是从卫星发射天线的相位中心至接收机接收天线相位中心之间的距离。我们通常把在卫星钟驱动下开始生成测距信号至信号生成并离开发射天线相位中心间的时间称为信号在卫星内部的时延。由于不同的测距信号是通过不同的电子元器件和电子线路生成的，因此它们在卫星内部时延并不相同。

（5）卫星天线相位中心误差

BDS测量测定的是卫星发射天线的相位中心至接收机接收天线的相位中心之间的距离，而IGS提供的精密星历给出的是卫星质心的三维坐标，卫星天线相位中心与卫星质心间的差异称为卫星天线相位中心误差，通常分为两部分：①天线参考点（Antenna Reference Point，ARP）与天线平均相位中心的偏差，称为天线相位中心偏差（Phase Centre Offset，PCO）；②天线瞬时相位中心与平均相位中心之间的偏差，称为天线相位中心变化（Phase Centre Variation，PCV）。自GPS1854周开始，IGS提供的天线文件开始提供BDS系统的PCO及PCV值。

（6）相位缠绕误差

BDS卫星发射右旋圆极化电磁波信号，实际接收的载波相位观测量取决于卫星与接收机天线的相互朝向。接收机端天线通常指向某一固定参考方向(如北方向),而卫星为维持太阳能帆板指向太阳则会使得信号发射天线随着卫星的运动而缓慢旋转。这种由于卫星和接收机天线的相对旋转而使得载波相位观测值的改变称为相位缠绕,它对载波相位观测值的最大影响可达一周。在相对定位中,即使基线长度达到数百千米,相位缠绕误差对定位的影响也可以忽略,仅仅对于精密单点定位作业模式或者长达数千千米的相对定位模式才需要考虑该项误差,因此本书并不详细阐述该项误差。

2. 与信号传播有关的误差

(1) 电离层延迟

电离层是指高度在 $60 \sim 1\,000$ km 间的大气层,在太阳紫外线、X 射线、γ 射线和高能粒子的作用下,该区域内的气体分子和原子将产生电离,形成自由电子和正离子。带电粒子的存在将影响无线电信号的传播,使传播速度发生变化,传播路径也产生弯曲,从而使得信号传播时间 Δt 与真空中光速 c 的乘积 $\rho = \Delta t \cdot c$ 不等于卫星至接收机间的几何距离,产生所谓的电离层延迟。电离层延迟取决于信号传播路径上的总电子含量(Total Electron Content,TEC)和信号的频率 f,而 TEC 又与时间、地点、太阳黑子数等多种因素有关。在仅顾及 f^2 项的情况下,伪距观测值和载波相位观测值所受到的电离层延迟大小相同,符号相反。

(2) 对流层延迟

在 GNSS 领域中,对流层通常是指高度在 50 km 以下的大气层。GPS 卫星信号在对流层中的传播速度 $v = c/n$,c 为真空中的光速,n 为大气折射率,其值取决于气温、气压和相对湿度等因子。此外,信号的传播路径也会产生弯曲。由于上述原因使距离测量值产生的系统性偏差称为对流层延迟。与电离层延迟并不相同,对流层延迟对伪距和载波相位观测值的影响是相同的。

(3) 多路径效应

经物体表面反射后到达接收机的信号如果与直接来自卫星的信号叠加干扰后进入接收机,将使测量值产生系统误差,这就是所谓的多路径效应或多路径误差。多路径误差对伪距观测值的影响比对载波相位观测值的影响大得多。多路径误差主要取决于测站周围的环境、接收机的性能以及观测时间的长短。

3. 与接收机有关的误差

(1) 接收机钟差

接收机一般采用石英钟,相比星载原子钟,其变化数值大、速度快且稳定性差,难以用一定的数学模型进行描述,因而其钟差较卫星钟差更为显著。该项误差主要取决于接收机钟的质量,与使用时的环境也有一定关系。它对伪距观测值和载波相位观测值的影响是相同的。

（2）接收机的位置误差

在进行 BDS 定轨和授时时，接收机的位置通常被认为是已知的，其误差将使定轨和授时的结果产生系统性误差。该项误差对伪距观测值和载波相位观测值的影响是相同的。同时，在进行 BDS 基线解算时，需已知其中一个端点的近似坐标，近似坐标的误差过大也会对解算结果产生影响。

（3）接收机的内部测量噪声

用接收机进行 BDS 测量时，由于仪器设备及外界环境影响而引起的随机测量误差称之为接收机的内部测量噪声，其值取决于仪器性能及作业环境的优劣。一般而言，接收机内部测量噪声远小于上述各种偏差值。静态观测足够长的时间后，测量噪声的影响通常可以忽略不计。

（4）接收机天线相位中心改正

BDS 测量测定的是卫星至接收机端瞬时天线相位中心的距离，而在对中及量取天线高时均以接收机端天线参考点 ARP 作为基准，因此接收机天线相位中心与 ARP 间的差异称为接收机天线相位中心改正。

（5）信号在接收机内的时延

BDS 卫星测距信号在到达接收机天线相位中心后，还需花费一段时间来进行信号的放大、滤波及各种处理后才能进入码相关器与来自接收机的复制码进行相关处理以获得伪距观测值（或进入载波跟踪回路以获取载波相位观测值），这称为信号在接收机内的时延。与信号在卫星内的时延类似，不同的测距信号在接收机内部时延也不相同。

（6）地球潮汐改正

由于摄动天体（太阳和月球等）的万有引力作用，使得地球固体表面产生周期性的涨落，称之为地球固体潮，其对测站坐标的影响与测站纬度相关；与此同时，由于万有引力作用引起实际海平面相比平均海平面产生周期性的涨落，其引起测站的周期性变化称为海洋潮汐改正，其数值比地球固体潮要小一个数量级；由于地球自转产生的地球离心力引起地球发生形变，其对测站的影响称为极潮改正，数值相对较小。

5.1.2 消除或削弱误差影响的方法和措施

上述各项误差对测距的影响可达数十米，有时甚至可超过百米，比观测噪声大几个数量级。因此，必须加以消除，否则将会对定位精度造成极大的损害。消除或大幅度削弱这些误差所造成影响的主要方法有：

1. 建立误差改正模型

这些误差改正模型既可以是通过对误差的特性、机制以及产生的原因进行研究分析、推导而建立起来的理论公式,也可以是通过对大量观测数据的分析、拟合而建立起来的经验公式,有时则是同时采用这两种方法建立的综合模型。利用电离层折射的大小与信号频率有关这一特性(即所谓的"电离层色散效应")而建立起来的双频电离层折射改正模型基本属于理论公式;而各种对流层折射模型大体上属于综合模型。

如果每个误差改正模型都是十分完善且严密的,模型中所需的数据都是准确无误的,在这种理想的情况下,经各误差模型改正后,包含在观测值中的系统误差将被消除干净,而只留下偶然误差。然而,由于改正模型本身的误差以及所获取的改正模型中所需的各参数的误差,仍会有一部分偏差无法消除而残留在观测值中。这些残留的偏差一般仍比偶然误差要大,从而严重影响卫星定位的精度。

误差改正模型的精度好坏不等。有的误差改正模型效果好,如双频电离层折射改正模型的残余误差约为总量的1%或更小;有的效果一般,如多数对流层折射改正公式的残余误差为总量的1%~5%;有的改正模型效果较差,如由广播星历所提供的单频电离层折射改正模型,残余误差甚至高达50%以上(阮仁桂 等,2013)。

2. 求差法

分析误差对观测值或平差结果的影响,安排适当的观测纲要和数据处理方法(如同步观测、相对定位等),利用误差在观测值之间的相关性或在定位结果之间的相关性,通过求差来消除或大幅度地削弱其影响的方法称为求差法。

例如,当两站对同一卫星进行同步观测时,观测值中都包含了共同的卫星星历误差和钟误差,将观测值在接收机间求差后即可消除此项误差。同样,一台接收机对多颗卫星进行同步观测时,将观测值在卫星间求差即可消除接收机钟误差的影响。

3. 选择较好的硬件和较好的观测条件

有的误差,如多路径误差,既不能采用求差的方法来抵消,也难以建立改正模型。削弱该项误差简单而有效的方法是选用较好的天线,仔细选择测站,使之远离反射物和干扰源。

5.2　与卫星有关的误差

5.2.1　卫星星历误差

卫星星历提供卫星的位置信息和速度信息,是导航、定位和授时所必需的起算数据信息,主要存在两种不同的来源:导航电文提供的广播星历以及 IGS 相关组织机构提供的精密星历。

BDS 广播星历由 BDS 系统地面监控部分观测计算得到,是一种预报星历,由参考时刻的轨道根数及其变化率来描述 BDS 卫星轨道,通常包括卫星轨道坐标的参考历元、参考历元时刻的 6 个轨道根数、3 个长期改正项和 6 个周期改正项,其中,9 个改正项考虑了非球形地球、潮汐、太阳辐射压等多种因素的影响。

精密星历是为满足大地测量、地球动力学研究等精密应用领域需要而研制、生产的一种高精度的事后星历,它以一定的时间间隔直接给出卫星的三维坐标,用户采用内插算法(如拉格朗日多项式)即可获得观测时刻的三维坐标。通常包括超快星历、快速星历和最终星历,这三类精密星历的发布时延和精度各不相同,一般发布时延越长,精度越高。

卫星星历误差的大小取决于轨道计算的数学模型、定轨软件、地面跟踪网的规模、地面跟踪站的分布、卫星跟踪弧段时长、观测时刻的外推时长等因素。目前,IGS分析中心提供的 BDS IGSO 和 MEO 卫星的轨道精度与其余卫星系统大致相当,约为数个厘米(Guo et al,2016)。随着 BDS 卫星数和地面跟踪站数目的增加,适用于BDS 卫星的轨道力学模型日益完善,BDS 广播星历精度和精密星历精度将会进一步提高。

对于单点定位,卫星星历误差将会影响卫星至测站的几何计算距离和方向余弦分量,通常单点定位的精度水平与卫星星历误差的量级大体相当。而对于相对定位,星历误差的影响可用下式表示:

$$\left\| \frac{\mathrm{d}b}{b} \right\| = \left\| \frac{\mathrm{d}x^p}{\rho_m^p} \right\| \tag{5.2.1}$$

式中,$\mathrm{d}b$ 表示星历误差导致的基线误差;b 表示基线长度;$\mathrm{d}x^p$ 表示卫星星历误差;ρ_m^p 表示卫星至接收机的距离观测值。由式(5.2.1)可知,星历误差对基线的影响与基线长度

有关。因此,为削弱 BDS 卫星星历误差,通常可以采用如下两种方法:

(1) 采用精密星历取代广播星历

精密星历的精度远高于广播星历的精度,因而采用精密星历可以极大地减少星历误差的影响。对于单点定位或者长基线相对定位,若想获得分米级甚至厘米级的定位精度,则必须采用精密星历。

(2) 采用相对定位模式

进行短基线(小于 10 km)的精密相对定位时,采用广播星历精度可达到厘米级,与采用 IGS 精密星历获得的结果几乎为同一量级,表明短基线相对定位消除了大部分星历误差的影响。

5.2.2 卫星钟差

BDS 卫星钟差将直接影响卫星至接收机之间的几何计算距离,同时还会影响 BDS 卫星坐标计算精度,从而影响线性化余弦分量,因此必须予以消除或者削弱。在 t 时刻的 BDS 卫星钟差一般可以表示为:

$$\Delta t = a_0 + a_1(t - t_0) + a_2 (t - t_0)^2 + \int_{t_0}^{t} y(t) \mathrm{d}t \qquad (5.2.2)$$

式中,a_0 为 t_0 时刻该钟的误差;a_1 为 t_0 时刻该钟的钟速(频偏);a_2 为 t_0 时刻该钟的加速度的一半(也称钟的老化率或频漂项)。a_i 的数值可由地面控制系统依据前一段时间的跟踪资料得到,然后根据该钟的特性来加以预报,并编入卫星导航电文播发给用户。$\int_{t_0}^{t} y(t) \mathrm{d}t$ 是一项随机项,我们不能确切地知道其数值,而只能采用钟的稳定度(如阿伦方差)来描述其统计特性。目前,BDS 三号卫星搭载的原子钟稳定性明显优于 BDS 二号卫星原子钟(Yang et al, 2018)。

当用户可以获得广播星历时,根据广播星历提供的 a_0、a_1 和 a_2 参数,利用如下二次多项式即可修正 BDS 卫星钟差:

$$\Delta t = a_0 + a_1(t - t_0) + a_2 (t - t_0)^2 \qquad (5.2.3)$$

经以上改正后,各卫星钟之间的同步差可维持在数个纳秒以内。目前 IGS 等机构可以提供采样间隔为 15 min 或者 5 min 的精密卫星钟差,部分机构甚至可以提供 30 s 或者 5 s 采样间隔的精密卫星钟差,用户采用高阶多项式内插或者线性内插即可获取精确的卫星钟差,其卫星钟差精度可以满足分米级甚至厘米级的定位需求。与卫星星历类似,为削弱 BDS 卫星钟差的影响,可以采用精密星历取代广播星历的方法,或者采用相对定位模式或站间差分法。

5.2.3 相对论效应

卫星钟和接收机钟所处的运动速度和重力位均不相同，由此导致卫星钟频率相应发生变化，即相对论效应改正需考虑上述两种因素的影响。

根据狭义相对论，安装在高速运动卫星上的卫星钟的频率 f_s 将变为：

$$f_s = f\left[1 - \left(\frac{V_s}{c}\right)^2\right]^{1/2} \approx f\left(1 - \frac{V_s^2}{2c^2}\right) \tag{5.2.4}$$

即引起的频率变化为：

$$\Delta f_1 = f_s - f = -\frac{V_s^2}{2c^2}f \tag{5.2.5}$$

式中，V_s 为卫星在惯性坐标系中的运动速度，f 为时钟的频率，c 为真空中的光速，即在狭义相对论效应作用下，卫星上钟的频率将变慢。

根据广义相对论，若卫星所处的重力位为 W_s，地面接收机的重力位为 W_T，那么放在卫星上的和放在地面上的同一台钟频率将相差：

$$\Delta f_2 = \frac{W_s - W_T}{c^2}f \tag{5.2.6}$$

由于广义相对论效应量级较小，在计算时可以将地球的重力位近似看作是一个质点位，同时忽略日、月等天体万有引力的影响，则 Δf_2 变为：

$$\Delta f_2 = \frac{\mu}{c^2}f\left(\frac{1}{R} - \frac{1}{r}\right) \tag{5.2.7}$$

式中，μ 为万有引力常数 G 和地球质量 M 的乘积，R 为接收机离地心的距离，r 为卫星离地心的距离。总的相对论效应影响为：

$$\Delta f = \Delta f_1 + \Delta f_2 \tag{5.2.8}$$

因此，解决相对论效应的简单办法就是在制造卫星钟时预先把频率降低 Δf，无需用户单独考虑。值得说明的是，上述讨论是假设 BDS 卫星匀速运行在圆形轨道上，事实上，BDS 卫星轨道是一个椭圆，卫星运行速度也随时间发生变化。因此，相对论效应的影响并非常数，经上述改正后，需要考虑轨道偏心率引起的周期性误差，并将其改正到卫星钟差改正数上：

$$\Delta t_r(t) = -2\,\boldsymbol{r}_s \cdot \boldsymbol{v}_s/c^2 \tag{5.2.9}$$

其中，r_s 和 v_s 分别表示卫星的位置矢量和速度矢量。

5.2.4　信号在卫星内的时延

卫星信号在卫星钟频信号的驱动下，在卫星内部有一段传输过程（如电路传输），传输速度并不等于真空中的光速，我们把在卫星钟脉冲驱动下开始生成测距信号至该信号生成并最终离开卫星发射天线相位中心之间所花费的时间称为信号在卫星内部的时延。虽然不同的测距信号都是在同一台卫星钟的驱动下生成的，但由于采用的方法、电子元器件和电子线路不同，因而所花费的时间也各不相同，信号内部时延的存在使距离观测值与卫星钟差间无法实现无缝对接。

如果在 t^s 时刻（卫星钟给出的时间）开始生成的测距信号是在 BDS 标准时间 T 到达接收机的，那么该卫星钟的钟差应该为：

$$\Delta t = t^s + \Delta t_{\text{内部时延}} + \Delta t_{\text{传播时间}} - T \tag{5.2.10}$$

式中，$\Delta t_{\text{传播时间}}$ 是指测距信号从卫星发射天线相位中心传播至接收机天线相位中心所花费的时间。$\Delta t_{\text{传播时间}} = \dfrac{\rho}{c} + \Delta t_{\text{ion}} + \Delta t_{\text{trop}}$，其中 ρ 为卫星发射天线相位中心至接收机天线相位中心间的几何距离，c 为真空中的光速，Δt_{ion} 为电离层延迟，Δt_{trop} 为对流层延迟。

但是要精确测定每个测距信号在卫星内部的信号时延的绝对数值是一件十分困难的事情，而测定不同测距信号的内部时延之间的差值（即不同测距信号离开发射天线相位中心的时间差）就较为容易。因而我们常选择一种经常使用的测距信号按照下述方法来测定卫星钟差 $\Delta t'$，并将这种已吸收了信号内部时延的卫星钟差 $\Delta t'$ 通过卫星导航电文播发给用户使用。$\Delta t'$ 可表示为：

$$\Delta t' = \Delta t - \Delta t_{\text{内部时延}} = t^s + \Delta t_{\text{传播时间}} - T \tag{5.2.11}$$

采用这种方法的优点是：①确定卫星钟差时简单，只需顾及信号传播时间，而无需顾及信号在卫星内部的时延，从而避开了内部时延难以精确测定的问题。②用户使用这种测距信号测得的距离观测值与卫星钟差 $\Delta t'$ 间可实现无缝对接。

在 BDS 系统中，双频无电离层组合观测值是较为常用的观测值组合，因此广播星历和精密星历中发布的钟差产品都考虑了其卫星硬件延迟的影响，即选择这些钟差产品，采用无电离层组合观测值定位时，无需再考虑卫星硬件延迟的影响。但是，当采用无电离层组合的观测值进行导航定位时，需考虑不同信号硬件延迟差带来的影响。如单频定位的用户就需要考虑单频观测值与双频无电离层组合观测值产生的硬件延迟的差异,并设法消除其影响(Cao et al,2019)。

5.2.5 卫星天线相位中心改正

BDS测量测定的是从卫星发射天线的相位中心至接收机天线相位中心间的距离,而 IGS 精密星历给出的是卫星质心的坐标,这两者之间并不一致,如图 5.2 所示,因而需要进行卫星天线相位中心改正。天线相位中心改正通常包含两个部分:一是天线的平均相位中心(天线瞬时相位中心的平均值)与天线参考点之间的偏差,即天线相位中心偏差 PCO;二是天线的瞬时相位中心与平均相位中心的差值,即天线的相位中心变化 PCV。对于某一天线而言,天线相位中心偏差 PCO 可以看成是一个固定的偏差向量,而天线的相位中心变化 PCV 则与信号方向有关,会随着信号的方位角及天顶距的变化而变化。对 BDS 观测值进行天线改正时,必须同时考虑天线相位中心偏差 PCO和天线相位中心变化 PCV。

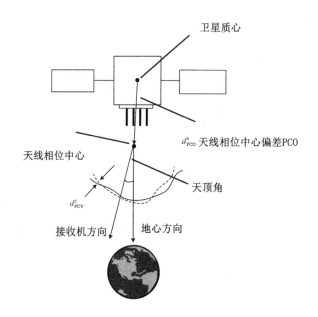

图 5.2　BDS 卫星天线相位中心

为了给用户提供相应的天线偏差改正方法,IGS 相继推出了相对天线相位中心改正模型和绝对天线相位中心改正模型(GPS 周 1400 以后,IGSyy_wwww,其中 yy、wwww 表示模型发布的年份和周)。两种模型均是根据卫星类型、信号频率、卫星天顶距、卫星方位角等,以制表的形式给出每一颗 BDS 卫星的 PCO 和 PCV 数值,图 5.3 给出了 IGS 天线文件中 BDS C10 卫星的天线偏差数值。用户根据卫星类型、信号频率、天顶距和方位角,采用线性内插的方式即可确定各种 BDS 卫星天线偏差的坐标改正值或距离改正值(黄观文 等,2015)。

```
                                                       START OF ANTENNA
BEIDOU-2I          C10            C010      2011-073A TYPE / SERIAL NO
                                       6   28-MAY-19 METH / BY / # / DATE
    0.0                                                DAZI
    0.0    9.0    1.0                                  ZEN1 / ZEN2 / DZEN
    4                                                  # OF FREQUENCIES
 2011    12    1    0    0    0.0000000               VALID FROM
 IGS14_2062                                            SINEX CODE
   C01                                                 START OF FREQUENCY
    580.00       0.00    3500.00                       NORTH / EAST / UP
   NOAZI    0.00    0.00    0.00    0.00    0.00    0.00    0.00    0.00    0.00    0.00
   C01                                                 END OF FREQUENCY
   C02                                                 START OF FREQUENCY
    580.00       0.00    3500.00                       NORTH / EAST / UP
   NOAZI    0.00    0.00    0.00    0.00    0.00    0.00    0.00    0.00    0.00    0.00
   C02                                                 END OF FREQUENCY
   C06                                                 START OF FREQUENCY
    590.00      10.00    2770.00                       NORTH / EAST / UP
   NOAZI    0.00    0.00    0.00    0.00    0.00    0.00    0.00    0.00    0.00    0.00
   C06                                                 END OF FREQUENCY
   C07                                                 START OF FREQUENCY
    580.00       0.00    3500.00                       NORTH / EAST / UP
   NOAZI    0.00    0.00    0.00    0.00    0.00    0.00    0.00    0.00    0.00    0.00
   C07                                                 END OF FREQUENCY
                                                       END OF ANTENNA
```

图 5.3 IGS 天线文件中 BDS C10 卫星天线相位中心偏差

5.3 与信号传播有关的误差

5.3.1 电离层延迟误差

1. 电子密度与总电子含量

电离层是指离地高度 $60\sim1\,000$ km 间的大气层,在太阳的紫外线、X 射线、γ 射线和高能粒子的作用下,位于该区域的中性原子和空气分子产生电离,产生大量的自由电子和正离子、负离子,形成等离子区域。电离层能使无线电波改变传播速度,产生折射、反射和散射,并受到不同程度的吸收。电离层的研究对象主要是电子密度,电离层的变化主要表现为电子密度随时间的变化,下面我们来看一下电子密度 N_e 和哪些因素有关。

（1）电子密度 N_e 与高程 H 间的关系

① 随着高程 H 的增加,大气将变得越来越稀薄,单位体积中所含的气体分子数将变得越来越少,也就是说,可供电离的"原料"将随着高程 H 的增加而减少,从而产生一种趋势:电子密度 N_e 将随着高程 H 的增加而减少。

② 太阳光在穿透电离层的过程中,其能量将不断地被大气层所吸收(紫外线、X 射线和高能粒子的能量在促使气体分子电离的过程中逐步被损耗)而变得越来越弱,最终将不足以使气体分子电离。这种现象将呈现出另一种规律:电子密度 N_e 将随着高程 H 的减小而减小。在这两种相反因素的作用下,电子密度 N_e 一般在高度为 $300 \sim 400$ km 取得最大值。图 5.4 为根据实测资料绘出的 H 和 N_e 间的关系图。

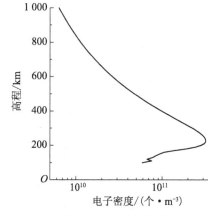

图 5.4　电子密度和高程的关系

（2）总电子含量与地方时的关系

因为电子密度 N_e 是高程 H 的函数,所以要进一步讨论电子密度 N_e 和地方时 t 的关系时就需采用二元函数 $N_e = f(H, t)$,这将使问题变得较为复杂。为此,引入一个新的概念——总电子含量 TEC。TEC 是沿卫星信号路径对电子密度的积分,其物理意义为横截面为单位面积的信号路径方向圆柱体中所含的总电子数量,公式表示如下:

$$TEC = \int_s N_e \mathrm{d}S \tag{5.3.1}$$

通常,TEC 采用的单位是 TECU,1 TECU$= 10^{16}$ 电子数$/m^2$,1TECU 电子含量对 1.5 GHz 频率信号产生的延迟量约为 0.18 m。天顶方向总电子含量(Vertical Total Electron Content,VTEC)与 TEC 的关系可表示为:

$$VTEC = TEC \cdot \cos z \tag{5.3.2}$$

式中,z 为穿刺点上卫星的天顶距(穿刺点的含义将在本节后续介绍 Klobuchar 模型时给出)。

VTEC 与高程和卫星高度角均脱离了关系,可以反映测站上空电离层的总体特征,所以被广泛应用。图 5.5 是 VTEC 与地方时的关系图。从图中可以看出,白天在太阳光的照射下,电离层中的中性气体分子逐渐电离,因而电子数量不断增加,至地方时 14 时左右 VTEC 取最大值。此后,由于太阳光强度的减弱,电子生成率小于电子消失率(自由电子和正离子结合恢复为中性气体分子的速率),因而 VTEC 值将逐渐减小，到夜晚达到最小值且基本保持稳定。

（3）VTEC 与太阳活动程度的关系

如前所述，中性气体是在太阳光的照射下电离的，故 VTEC 与太阳活动剧烈程度密切相关。太阳活动的剧烈程度通常可用太阳黑子数来表示。当太阳活动趋于剧烈时，太阳黑子数会增加，VTEC 值也会相应地增大。在太阳活动高峰年与低峰年之间，VTEC 值可相差 4 倍左右。太阳活动的周期约为 11 年，故 VTEC 也呈现出周期为 11 年左右的周期性变化。在此期间，不但电离

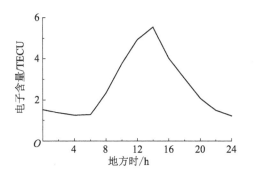

图 5.5　VTEC 与地方时之间的关系

层延迟量会加大，而且有时会出现电离层暴等异常情况，严重时会影响无线电通信和卫星导航定位系统的正常工作。图 5.6 是 1700—2017 年间太阳黑子相对数的变化情况（太阳黑子相对数也称黑子数，是表征太阳活动的重要指标之一）。

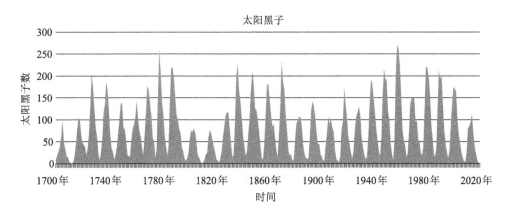

图 5.6　1700—2017 年间太阳黑子数的变化图

2. 电离层延迟

在离散介质中，载波相位的传播速度与搭载的信号波的传播速度是不同的。单一频率的电磁波相位在电离层中的传播速度称为相速，不同频率的一组电磁波信号作为一个整体在电离层中的传播速度称为群速。令 n_g 为群折射率，n_p 为相折射率，则相折射率和群折射率可以分别表示为（忽略二次以上的高阶项影响）：

$$n_p = 1 + \frac{c_2}{f^2} \quad n_g = 1 - \frac{c_2}{f^2} \tag{5.3.3}$$

对比两式可知，当忽略二阶以上高阶项影响时，相折射率和群折射率的偏差大小

相同,符号相反。其中,c_2 与电子密度 N_e 有关,可由下式表示:

$$c_2 = -40.3 N_e \qquad (5.3.4)$$

因此:

$$n_p = 1 - \frac{40.3 N_e}{f^2} \quad n_g = 1 + \frac{40.3 N_e}{f^2} \qquad (5.3.5)$$

相速和群速则变为:

$$v_p = \frac{c}{n_p} = \frac{c}{1 - \dfrac{40.3 N_e}{f^2}} \quad v_g = \frac{c}{n_g} = \frac{c}{1 + \dfrac{40.3 N_e}{f^2}} \qquad (5.3.6)$$

由式(5.3.6)可知,相速要大于群速,相对于真空中的传播速度,群速的滞后量与相速的超前量相同。在 BDS 信号传播中将导致伪距信号信息的传播被延迟,载波相位的传播则被提速,这一现象称为电离层的色散效应。

3. 电离层误差

电离层误差是指受电离层影响的距离测量值与卫星至接收机之间的真实几何距离之间的差值。根据 Fermat 定律,测量距离 s 可定义为:

$$s = \int v \, dt = \int \frac{c}{n} dt = \int \frac{1}{n} ds \qquad (5.3.7)$$

其中积分沿信号路径进行。

令折射率为 $n=1$,沿直线路径进行积分,得到卫星至接收机的直线几何距离,即

$$s_0 = \int ds_0 \qquad (5.3.8)$$

载波相位折射率为 n_p,载波相位测量得到距离测量值的积分式为:

$$\rho_\Phi = \int \frac{1}{n_p} ds \qquad (5.3.9)$$

伪距折射率为 n_g,伪距测量得到距离测量值的积分式为:

$$\rho_P = \int \frac{1}{n_g} ds \qquad (5.3.10)$$

因而,载波相位的电离层延迟为:

$$I_\Phi = \int \frac{1}{n_p} ds - \int ds_0 = \int \left(1 + \frac{c_2}{f^2}\right) ds - \int ds_0 \qquad (5.3.11)$$

伪距的电离层延迟为:

$$I_P = \int \frac{1}{n_g} ds - \int ds_0 = \int \left(1 - \frac{c_2}{f^2}\right) ds - \int ds_0 \qquad (5.3.12)$$

忽略传播路径弯曲量的影响,假定均沿卫星至接收机直线路径积分,此时 ds 变为 ds_0,从而载波相位和伪距电离层延迟量变为:

$$I_\Phi = \int \frac{c_2}{f^2} ds_0 \qquad I_P = -\int \frac{c_2}{f^2} ds_0 \qquad (5.3.13)$$

用电子密度表示为:

$$I_\Phi = -\frac{40.3}{f^2} \int N_e ds_0 \qquad I_P = \frac{40.3}{f^2} \int N_e ds_0 \qquad (5.3.14)$$

用 TEC 表示为:

$$I_\Phi = -\frac{40.3}{f^2} TEC \qquad I_P = \frac{40.3}{f^2} TEC \qquad (5.3.15)$$

4. 电离层延迟误差消除方法

电离层延迟误差的改正方法主要有双频改正法、双差法、模型修正法等。

(1) 双频改正法

电离层延迟量与信号频率的二次方呈反比(仅考虑电离层一阶项),因而采用两种频率的信号可以消除电离层延迟的影响,这是消除电离层延迟最为有效的方法,也是 BDS 卫星采用(至少)两种载波频率信号的主要原因。

伪距观测值的观测方程为:

$$P_1 = \rho - c(dt^s + B_{1,P}) + c(dt_r + b_{1,P}) + d\rho + I_{1,P} + T + \varepsilon_{1,P} \qquad (5.3.16)$$

$$P_2 = \rho - c(dt^s + B_{2,P}) + c(dt_r + b_{2,P}) + d\rho + I_{2,P} + T + \varepsilon_{2,P} \qquad (5.3.17)$$

其中,电离层仅考虑一阶项影响,则 $I_{1,P} = \frac{40.3}{f_1^2} TEC$,$I_{2,P} = \frac{40.3}{f_2^2} TEC$,两者有如下关系:

$$f_1^2 I_{1,P} - f_2^2 I_{2,P} = 0 \qquad (5.3.18)$$

建立观测值的无电离层组合,需满足下列条件:

$$P_{IF} = m_1 P_1 + m_2 P_2 \qquad m_1 f_2^2 + m_2 f_1^2 = 0 \qquad (5.3.19)$$

式中,$m_1 = f_1^2 / (f_1^2 - f_2^2)$ 和 $m_2 = -f_2^2 / (f_1^2 - f_2^2)$ 为组合系数(韩绍伟,1995)。因而双频无电离层组合将消去一阶电离层项的影响,得到双频无电离层组合伪距观测方程为:

$$P_{\text{IF}} = \rho - c(\mathrm{d}t^s + B_{\text{P, IF}}) + c(\mathrm{d}t_r + b_{\text{P, IF}}) + \mathrm{d}\rho + T + \varepsilon_{\text{P, IF}} \tag{5.3.20}$$

为消除钟差和硬件延迟的相关性，广播星历或者精密星历给出的卫星钟差包含了双频伪距无电离层组合的卫星硬件延迟影响，即卫星钟差可表示为：

$$\mathrm{d}t^s_{\text{IF}} = \mathrm{d}t^s + B_{\text{P, IF}} \tag{5.3.21}$$

而接收机硬件延迟则被吸收到接收机钟差参数中，即最终得到的双频伪距无电离层观测方程为：

$$P_{\text{IF}} = \rho - c\mathrm{d}t^s + c\mathrm{d}t_{r,\text{IF}} + \mathrm{d}\rho + T + \varepsilon_{\text{P, IF}} \tag{5.3.22}$$

式中，可估的接收机钟差可以表示为 $\mathrm{d}t_{r,\text{IF}} = \mathrm{d}t_r + b_{\text{P, IF}}$。

对于载波相位方程为：

$$\lambda_1 \phi_1 = \rho - c(\mathrm{d}t^s + B_{1,\phi}) + c(\mathrm{d}t_r + b_{1,\phi}) + \mathrm{d}\rho + \lambda_1 N_1 + I_{1,\phi} + T + \varepsilon_{1,\phi} \tag{5.3.23}$$

$$\lambda_2 \phi_2 = \rho - c(\mathrm{d}t^s + B_{2,\phi}) + c(\mathrm{d}t_r + b_{2,\phi}) + \mathrm{d}\rho + \lambda_2 N_2 + I_{2,\phi} + T + \varepsilon_{2,\phi} \tag{5.3.24}$$

仅考虑电离层一阶项影响，则 $I_{1,\phi} = -\dfrac{40.3}{f_1^2} TEC$，$I_{2,\phi} = -\dfrac{40.3}{f_2^2} TEC$，同样有：

$$f_1^2 I_{1,\phi} - f_2^2 I_{2,\phi} = 0 \tag{5.3.25}$$

因而采用上述的 m_1 和 m_2 系数同样可以消除电离层项的影响，得到载波相位观测方程为：

$$\lambda_{\text{IF}} \phi_{\text{IF}} = \rho - c(\mathrm{d}t^s + B_{\phi,\text{IF}}) + c(\mathrm{d}t_r + b_{\phi,\text{IF}}) + \mathrm{d}\rho + \lambda_{\text{IF}} N_{\text{IF}} + T + \varepsilon_{\phi,\text{IF}} \tag{5.3.26}$$

为保持公式(5.3.22)和公式(5.3.26)中钟差一致，将产生相位与伪距的双频无电离层组合硬件延迟差 $B_{\text{P, IF}} - B_{\phi,\text{IF}}$，而接收机无电离层相位硬件延迟 $b_{\phi,\text{IF}}$ 仍然存在，这两者都将被吸收到模糊度参数当中(Kouba et al,2001)，即

$$\lambda_{\text{IF}} \phi_{\text{IF}} = \rho - c\mathrm{d}t^s_{\text{IF}} + c\mathrm{d}t_{r,\text{IF}} + [\lambda_{\text{IF}} N_{\text{IF}} + c(B_{\text{P, IF}} - B_{\phi,\text{IF}} + b_{\phi,\text{IF}})] + \mathrm{d}\rho + T + \varepsilon_{\phi,\text{IF}} \tag{5.3.27}$$

（2）双差法

当两测站相距不太远时，卫星至两测站的信号传播路径上的大气状况将会十分相似，电离层的空间相关性强，因此电离层的系统影响便可通过同步观测量的差分而减弱。对于短基线，双差观测值将消除大部分电离层的影响。这种方法对于 10 km 内的

短基线效果尤为明显，这时经电离层折射改正后，基线长度的相对残差，一般约为 10^{-6}。所以在 BDS 测量中，对于短距离的相对定位，使用单频接收机也可达到相当高的精度。但是，随着基线长度的增加，其精度将随之明显降低，因此该方法对长距离高精度的相对定位并不适用。

（3）模型修正法

针对单频用户，还可建立测站上空电离层电子含量空间分布模型，从而可根据信号传播路径直接计算电离层延迟。电离层模型包括经验模型和实测模型。其中经验模型是根据电离层观测站长期积累的观测资料建立的经验公式；实测模型则是根据 BDS 双频观测值反算得到测站上空的 TEC 含量。根据这些电离层模型，用户输入相应的参数即可计算得到信号路径的电离层延迟量。

5. 主要电离层模型

目前存在多种电离层函数模型，经验模型有 Bent 模型、IRI 模型、Klobuchar 模型等，双频实测模型有 CODE 电离层格网模型、IGS 提供的全球电离层图 GIMS 等。

（1）Bent 模型

Bent 模型是由美国的 Rodney Bent 和 Sigrid Llewellyn 于 1973 年提出的经验模型。模型建立时将电离层的上部用 3 个指数层和一个抛物线层来逼近，下部则用双抛物线层来近似。计算时需要输入日期、时间、测站位置、太阳辐射流量及太阳黑子数等参数。采用该模型可计算得到 1 000 km 以下的电子密度垂直剖面图，从而可由 VTEC 求得电离层延迟。根据研究表明，Bent 模型的电离层延迟修正精度为 60% 左右。

（2）IRI 模型

国际参考电离层模型（International Reference Ionosphere，IRI）是由国际无线电科学联盟（International Union of Radio Science，IURS）和国际空间研究委员会（Committee on Space Research，COSPAR）提出的标准经验模型。最早的模型版本为发布于 1978 年的 IRI-78，之后经过多次修正，目前最新的版本为 IRI-2012（Bilitza et al，2014）。模型的建立利用了大量的可用数据资料，它通过发布预报参数的方式给出电离层中各种参数如电子密度、电子温度、离子温度等的月平均值。IRI 电离层模型属于统计预报模型，反映的是平静电离层的平均状态。该模型不受地域限制，适用于全球的任何地方，适用于单频用户实时快速定位时进行电离层改正。该模型的缺点是计算不方便，且精度不高。

（3）Klobuchar 模型

Klobuchar 模型为 Klobuchar 于 1987 年提出的电离层经验模型。该模型的建立采用了单层电离层模型，即将测站上空的整个电离层压缩为一个单层来代替整个电离层,电离层中的所有电子都集中在该单层上,并将该单层称为中心电离层。根据电离层随地方时、地理位置、太阳辐射等变化建立与该单层模型对应的模型函数。卫星信号传至接收机时,信号路径将与单层模型相交,该交点称为穿刺点,用户根据穿刺点的位置以及地方时等即可计算其电离层延迟。

相关研究成果表明,天顶总电子含量呈现日变化(即随地方时变化),在夜间达到最小值,且变化较小,白天的数值变化明显,且类似于余弦函数的正半周曲线,并在地方时约 14 时呈现最大值。Klobuchar 根据这一特点,建立了与地方时相关的电离层近似模型,他将晚间的电离层延迟视为常数,取值为 5 ns,白天的电离层时延则看成是余弦函数中正的部分,并在地方时约 14 时取最大值。

$$T_g = 5 \times 10^{-9} + A\cos\frac{2\pi}{P}(t - 14) \tag{5.3.28}$$

振幅 A 和周期 P 分别为

$$\begin{cases} A = \sum_{i=0}^{3} \alpha_i \Phi_m^i \\ P = \sum_{i=0}^{3} \beta_i \Phi_m^i \end{cases} \tag{5.3.29}$$

式中,α_i 和 β_i 为模型系数(根据 Bent 提供的全球电离层变化经验模型计算得到),由 BDS 卫星导航电文给出,由地面控制系统根据该天为一年中的第几天(将一年分成 37 个区间)以及前 5 天太阳的平均辐射能量(共分为十档)从 370 组常数中选取,然后编入 BDS 卫星的导航电文播发给用户。Φ_m 为传播路径与中心电离层交点的地磁纬度。

地方时 t 和地磁纬度 Φ_m 无需根据卫星高度角和测站地心纬度和经度计算,具体计算过程如下:

① 计算测站点与穿刺点的地心夹角:

$$EA = \left(\frac{445}{e + 20}\right) - 4 \tag{5.3.30}$$

式中,e 为测站处的卫星高度角。

② 计算穿刺点的地心纬度和地心经度

$$\begin{cases} \varphi_P' = \varphi_P + EA \cdot \cos\alpha \\ \lambda_P' = \lambda_P + EA \cdot \frac{\sin\alpha}{\cos\varphi_P} \end{cases} \tag{5.3.31}$$

式中,λ_P,φ_P 分别为测站的地心经度、纬度;α 为卫星的方位角。

③ 计算观测瞬间穿刺点的地方时

$$t = UT + \frac{\lambda_P{}'}{15} \tag{5.3.32}$$

式中,UT 为观测时刻的世界时。

④ 计算穿刺点的地磁纬度

地球的磁北极位于 $\varphi = 79.93°, \lambda = 288.04°$。因此穿刺点的地磁纬度可用下式计算:

$$\varphi_m = \varphi_P{}' + 10.07\cos(\lambda_P{}' - 288.04) \tag{5.3.33}$$

需要说明的是,磁北极的位置会随着时间的变化而缓慢变化,隔一段时间后应重新查询一次。

计算出地方时和穿刺点的地磁纬度后即可计算振幅和周期,然后计算得到穿刺点处天顶电离层延迟,由穿刺点天顶距 z 可最终计算得到信号路径的电离层延迟,计算公式如下:

$$T_g{}' = T_g \cdot \sec z \tag{5.3.34}$$

可将 $\sec z$ 近似表示为测站高度角的函数,得到:

$$\sec z = 1 + 2\left(\frac{96 - e}{90}\right) \tag{5.3.35}$$

Klobuchar 模型的优点是模型结构简单,用户无需其他辅助信息,仅利用广播星历信息就可计算出改正数。适用于单频 BDS 接收机实时快速定位时电离层延迟改正。Klobuchar 模型的改正精度为 $50\% \sim 60\%$,因而仅适用于一般的导航定位,无法满足高精度定位的要求(申俊飞 等,2013)。

(4) CODE 电离层格网模型

欧洲定轨中心(Center for Orbit Determination in Europe,CODE)利用地面跟踪站上的观测资料,采用了 15 阶 15 次的球谐函数的形式建立了全球性的 VTEC 模型。具体形式如下:

$$VTEC = \sum_{n=0}^{n_{max}} \sum_{m=0}^{n} \overline{P}_{nm}(\sin\varphi)(\overline{C}_{nm}\cos ms + \overline{S}_{nm}\sin ms) \tag{5.3.36}$$

式中,φ 为穿刺点的地理纬度;s 为穿刺点的日固经度,$s = \lambda - \lambda_0$,λ 为穿刺点的地理经度,λ_0 为太阳的地理经度;计算时,中心电离层高度通常取 450 km。

(5) IGS 全球电离层图(Global Ionospheric Maps,GIMs)

1995 年以来,IGS 加强了利用 GNSS 观测资料来提取电离层相关信息的工作力度,成立了专门的工作组和数据处理分析中心,制订、公布了电离层信息的数据交换格式 IONEX(Schaer et al,1998)。从 1998 年开始,提供时段长度为 2 h、经差为 5°和纬差为 2.5°的 VTEC 格网图。用户在时间、经度和纬度间进行内插后,即可获得某时某地的 VTEC 值。此外,IGS 还展开了对不同的测距码在卫星内部的时延差的研究和测定工作。

5.3.2 对流层延迟

卫星导航定位中的对流层延迟通常是泛指电磁波信号在通过高度为 50 km 以下的未被电离的中性大气层时所产生的信号延迟。在研究信号延迟的过程中,我们不再将该大气层细分为对流层和平流层,也不再顾及两者之间性质上的判别。由于 80% 的延迟发生在对流层,所以我们将发生在该中性大气层中的信号延迟统称为对流层延迟。对流层中的大气成分比较复杂,主要由氮和氧组成,此外还包含少量的水蒸气及氩、二氧化碳、氢等气体。大气中还含有某些不定量的混合物,如硫化物、煤烟和粉尘等。

1. 基本原理

电磁波信号在真空中的传播速度设为 c,若对流层中某处的大气折射系数为 n,则电磁波信号在该处的传播速度为 $v = c/n$。所以当电磁波信号在对流层中的传播时间为 t_{Trop} 时,其真正的路径长度 ρ_{Trop} 为:

$$\rho_{\text{Trop}} = \int_{t_{\text{Trop}}} v \mathrm{d}t = \int_{t_{\text{Trop}}} \frac{c}{n} \mathrm{d}t = \int_{t_{\text{Trop}}} \frac{c}{1+(n-1)} \mathrm{d}t \qquad (5.3.37)$$
$$= \int_{t_{\text{Trop}}} c \left[1-(n-1)+(n-1)^2-(n-1)^3+\cdots\right] \mathrm{d}t$$

式中的 $(n-1)$ 是一个微小量,故高阶项可忽略不计。可得:

$$\rho_{\text{Trop}} = \int_{t_{\text{Trop}}} c\left[1-(n-1)\right] \mathrm{d}t = ct_{\text{Trop}} - \int_{t_{\text{Trop}}} c(n-1) \mathrm{d}t$$
$$= ct_{\text{Trop}} - \int_{s} (n-1) \mathrm{d}s \qquad (5.3.38)$$

式中,$\int_{s}(n-1)\mathrm{d}s$ 即为对流层延迟;而 $V_{\text{Trop}} = -\int_{s}(n-1)\mathrm{d}s$ 即为对流层延迟改正。由于测距信号在对流层中的传播速度 v 小于真空中的光速,因此在根据信号传播时间及真空中的光速求得距离 ct_{Trop} 上,还需加上对流层延迟改正 $V_{\text{Trop}} = -\int_{s}(n-1)\mathrm{d}s$。

在标准大气状态下,大气折射系数 n 与信号的波长 λ 有下列关系:

$$(n-1) \times 10^6 = 287.604 + 4.8864\lambda^{-2} + 0.068\lambda^{-4} \qquad (5.3.39)$$

式中,波长 λ 以 μm 为单位。对于波长很短的光波来讲,对流层有色散效应。如红光的波长为 $\lambda=0.72 \, \mu m$, $n=1.000\,297\,3$;紫光的波长为 $\lambda=0.40 \, \mu m$, $n=1.000\,320\,8$。因而利用双频激光测距仪是有可能来消除对流层延迟的。然而对于微波信号来讲,由于其波长太长,所以对流层基本不存在色散效应,这就意味着对于无线电信号而言,不可能采用双频改正的方法来消除对流层延迟,而只能求出信号传播路径上各处的大气折射系数,继而消除对流层延迟的影响。

由于 $(n-1)$ 的数值很小,为方便计,常令 $N=(n-1)\times10^6$,并将其称为大气折射指数。大气折射指数 N 与气温、气压及水汽压等因素有关。Smith 和 Weintranb 通过大量的试验后于 1953 年建立了下列模型:

$$N = N_d + N_w = 77.6\frac{p}{T} + 3.73\times10^5\frac{e}{T^2} \tag{5.3.40}$$

上式说明,大气折射指数 N 可分为干分量 N_d 和湿分量 N_w。其中干分量与总的大气压 p 及气温 T 有关;湿分量则与水汽压 e 及气温 T 有关。式中的 p 及 e 均以毫巴 (mbar) 为单位;而气温 T 用绝对温度表示,单位为"开尔文(K)"。严格来讲,干分量应称为"流体静力学分量",因为式中的 p 不是干气压而是总的大气压(干气压和水汽压之和),但是为了与湿分量对应,习惯上都称为干分量。

卫星导航定位中的对流层延迟改正和电磁波测距中的气象改正一样,都是电磁波信号在中性大气层中传播时的信号延迟改正。但在电磁波测距中,信号一般是沿着大气稠密的地面传播的。测线上各处的气象元素可视为基本相同,并用测站上所测定的气象元素或测线两端所测定的气象元素的平均值来替代;而卫星导航定位中的信号则来自太空,信号传播路径上各处的气象元素有明显的差别。一般来说,信号传播路径上各处的气象元素是难以实际测量的,能测量的只是测站上的气温、气压和水汽压。所以首先必须建立一个依据测站上的气象元素来计算空中各点的气象元素的数学模型,继而求出对流层延迟改正。

2. Hopfield 模型

众所周知,气温 T、气压 p 和水汽压 e 将随着高度的增加而逐渐降低。在建立 Hopfield 模型的过程中,采用下列公式来描述气象元素 T、p、e 和高度 h 之间的关系:

$$\begin{cases} \dfrac{dT}{dh} = -6.8(°)/\text{km} \\[2mm] \dfrac{dp}{dh} = -\rho g \\[2mm] \dfrac{de}{dh} = -\rho g \end{cases} \tag{5.3.41}$$

由上式可知,在整个对流层中,高度每增加 1 km,气温 T 就下降 6.8℃,直至对流层的外边缘气温等于绝对温度 0 K 时为止;气压 p 和水汽压 e 也将随着高度 h 的增加而降低,其变化率与大气密度 ρ 及重力加速度 g 有关。顾及气态方程 $pV = nRT$,最后可导出 Hopfield 模型如下:

$$\begin{cases} \Delta S = \Delta S_{\mathrm{d}} + \Delta S_{\mathrm{w}} = \dfrac{K_{\mathrm{d}}}{\sin\sqrt{E^2 + 6.25}} + \dfrac{K_{\mathrm{w}}}{\sin\sqrt{E^2 + 2.25}} \\[2mm] K_{\mathrm{d}} = 155.2 \times 10^{-7} \cdot \dfrac{p_{\mathrm{s}}}{T_{\mathrm{s}}}(h_{\mathrm{d}} - h_{\mathrm{s}}) \\[2mm] K_{\mathrm{w}} = 155.2 \times 10^{-7} \cdot \dfrac{4\,810}{T_{\mathrm{s}}^2} e_{\mathrm{s}}(h_{\mathrm{w}} - h_{\mathrm{s}}) \\[2mm] h_{\mathrm{d}} = 40\,136 + 148.72(T - 273.16) \end{cases} \tag{5.3.42}$$

式中,ΔS_{d} 为干分量;ΔS_{w} 为湿分量;T_{s} 为测站的绝对温度,单位为 K;测站的气压 p_{s} 和水汽压 e_{s} 以"mbar"为单位;测站的高度 h_{s}、干分量的高度 h_{d}、湿分量的高度 h_{w} 均以"m"为单位,且 $h_{\mathrm{s}} = 11\,000$ m;E 为卫星高度角,以度为单位。当高度角 $E \geqslant 10°$ 时,对投影函数所做的近似处理所造成的误差小于 5 cm。

3. Saastamonien 模型

$$\begin{cases} \Delta S = \dfrac{0.002\,277}{\sin E'}\left[p_{\mathrm{s}} + \left(\dfrac{1\,255}{T_{\mathrm{s}}} + 0.05 \right) e_{\mathrm{s}} - \dfrac{\alpha}{\tan^2 E'} \right] \\[2mm] E' = E + \Delta E \\[2mm] \Delta E = \dfrac{16''}{T_{\mathrm{s}}}\left(p_{\mathrm{s}} + \dfrac{4\,810}{T_{\mathrm{s}}} e_{\mathrm{s}} \right) \cot E \\[2mm] \alpha = 1.16 - 0.15 \times 10^{-3} h + 0.716 \times 10^{-3} h^2 \end{cases} \tag{5.3.43}$$

式中各变量的含义与 Hopfield 模型中变量含义相同。

采用上述对流层模型加以改正时,气象参数由测站直接测定。理论分析与实践表明,目前采用的各种对流层模型,均只能部分削弱对流层误差的影响,尚不能完全消除对流层误差。对流层延迟误差具有如下特点:

(1) 理论上,对流层延迟同卫星高度角密切相关。卫星高度角越大,对流层延迟的影响越小;卫星高度角越小,不仅对流层,而且电离层误差和多路径误差也将随之增大,对定位结果影响也就越大。

(2) 对流层延迟误差主要影响高程精度。在同一测点,基线较短、同一高度角的条件下,若测点间的高程相差较小,则对流层延迟差异通常小于 1 cm。两点之间高程差越大,对流层的误差越大(潘树国 等,2012)。目前,作为高程分量误差的主要来源,当基线长为 30 km 时,对流层效应引起的高程差为 3～8 cm。

此外,也可以利用同步观测值求差的方法减弱对流层误差的影响,当两观测站相距不太远时(例如小于 20 km),由于信号通过对流层的路径相似,所以对同一卫星的同步观测值求差,可以明显地减弱对流层折射的影响。这一方法在差分定位中被广泛应用,当然,随着同步观测站之间距离的增大,求差法的有效性也将随之降低。

5.3.3 多路径效应

从 BDS 卫星天线相位中心直接到达 BDS 接收机天线相位中心的信号,称为直接信号;而非沿这一路径到达信号接收天线相位中心的信号称为间接信号。多路径误差就是由间接信号引起的,间接信号有以下三种类型:

① 经过地面或地物反射的间接信号;

② 经过 BDS 卫星星体反射的间接信号;

③ 因大气传播介质散射而形成的间接信号。

从上面的类型可知,卫星发射端和接收机端都将发生多路径效应,接收机端是主要的多路径效应产生源。接收机端附近的反射物主要有:光滑的地面、水面、高层建筑物、山坡等。

多路径效应与卫星信号方向、反射物反射系数以及距离有关。由于测量环境复杂多变,多路径效应难以模型化,也不能用差分方法减弱,因而成为高精度定位的一个主要的误差源。减少多路径误差影响的方法主要有以下几种:

(1) 选择合适的选址

在选择信号接收天线的安设地址时,应该避免在水面等具有强反射能力的地物附近设立信号接收天线。若因特殊需要而不能变更站址时,则应采取人为屏蔽反射波的有效措施。相反,杂草丛生或生长其他高度适当的植被的地面、深耕土地和其他粗糙不平的地面,能够较好地吸收微波能量,地面反射较弱,也难以产生较强的地面反射波,信号接收天线宜设在这些地方。

(2) 接收机硬件、软件改进

硬件方面归结为卫星定位系统自身的改进及接收机和接收天线的改进,软件方面则为定位和处理方法的消除措施的研究。在天线下设置抑径板或抑径圈是较为有效的方法,尤其对于地面反射信号,该方法有较好的抑制效果。

软件方面,由于反射可大致分为远距反射和近距反射,远距反射多产生高频成分,可由特殊的相关技术在接收机中加以处理,如窄相关技术等;近距反射多产生低频成分,其信号难以与直接信号分享,因而是残余在观测值中主要的多路径效应,也是用户在观测值数据处理中应主要解决的部分。用户处理时可利用观测值信噪比分析、相位观测值平滑或组合观测值构建等方法减弱多路径误差的影响。另外,正常 BDS 信号为左旋极化波,经过反射的 BDS 信号的极化特性将会改变,根据这一特性探测处理多路径信号也是非常有效的方法。

(3)适当延长观测时间

长时间观测可对定位结果进行平滑,从而使难以模型化的各种系统误差减到极小,因而能有效减少多路径效应的影响。当点位精度要求较高时,测站最短观测时间应尽量大于多路径效应的周期,这样就能通过取平均值削弱多路径误差的影响。因此在静态测量时,观测时段长度通常要大于 20～30 min。另外,在进行多个时段的测量时,也应尽量选择在一天的不同时间进行观测。

5.4 与接收机有关的误差

5.4.1 接收机钟差

考虑成本和精度要求,一般接收机内部使用的是精度较高的石英钟,稳定度大约维持在 10^{-9} 量级,其钟差稳定性比星载原子钟差几个数量级。假设接收机时钟与卫星钟之间出现 1 μs 的偏差,那么就将产生 300 m 的误差距离。与卫星钟差采用二次多项式拟合不同,接收机钟差即使采用更为复杂的卡尔曼理论模型和灰色理论模型,都难以获得令人满意的结果,且拟合结果与接收机钟的稳定性息息相关(张小红 等,2015)。

在 BDS 定位过程中,通常将每个观测历元的接收机钟差当作未知参数,利用伪距观测值通过单点定位的方法来求得,精度可以达到 1 μs 以内,能够满足卫星坐标计算及其他各种改正数的要求。为了更好地估计接收机钟差,在单点定位中,通常将接收机钟差作为独立未知参数估计,采用随机游走模型或者白噪声模型予以描述其随机特性;在相位定位作业模式下,星间差分可以有效地消除接收机钟差。当定位精度要求较高时,为削弱接收机钟差频率稳定性差的影响,可以外接稳定度更高的原子钟,如铷钟或者铯钟,从而提高接收机时间标准精度。

5.4.2 接收机内部测量噪声

由于 BDS 接收机存在通道间偏差、锁相环延迟、码跟踪环等电子器件误差的影响,表现为 BDS 信号在接收机内部受到干扰,使得接收机产生内部测量噪声,接收机内部测量噪声水平是反映接收机测量性能的重要指标之一。

从相对定位的特点可知,相对定位可以消除大部分卫星端、接收机端以及信号传输过程中的误差,但是难以消除两台接收机内部测量噪声和多路径效应。如果用于相对定位的两台接收机都接收到同一个卫星天线信号,则通过双差后的相位观测值理论上应该为 0。零基线法是指采用功率分配器连接同一个天线和两台 BDS 接收机,将同样的卫星信号输出给两台接收机,获取两台接收机的差分观测值,从而检验接收机内部测量噪声,如图 5.7 所示。该方法可以较好地测量接收机内

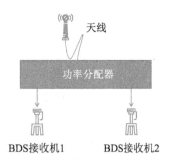

图 5.7　零基线法检验接收机内部测量噪声

部测量噪声水平,客观、有效地评价接收机的信号接收质量(高晓　等,2015)。

5.4.3　接收机天线相位中心改正

BDS 卫星信号测量的是卫星天线相位中心到接收机相位中心的几何距离,而在对中及量取天线高时均以接收机端天线参考点 ARP 作为基准,因此必须进行接收机天线相位中心改正。与卫星端天线相位中心改正类似,接收机端天线相位中心改正同样包含接收机端 PCO 和 PCV,如图 5.8 所示。

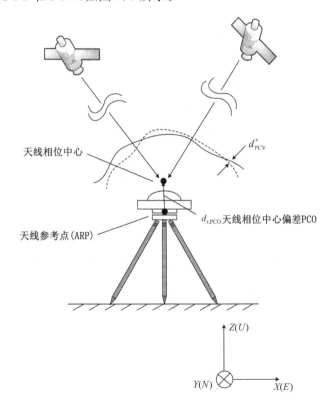

图 5.8　接收机天线相位中心改正示意图

对于相对定位作业模式,若两台接收机采用同一款类型的接收机,则通过站间差分即可消除接收机天线相位中心改正误差,而对于高精度单点定位而言,该项误差必须考虑。

5.4.4 地球潮汐改正

1. 固体潮改正

摄动天体(太阳、月球)对弹性地球的吸引力引起地球表面产生周期性的涨落,使得地心与摄动天体连线方向拉长,与连线垂直方向趋于扁平。固体潮对测站的影响主要包括与纬度有关的长偏移量以及半日周期组成的周期项,静态观测 24 h 可以消除大部分周期项,但是长期项却无法消除,残余影响对于单测站径向上可达 12 cm,其余方向可达 5 cm。

由于三阶项影响小于 2 mm,可忽略不计,所以固体潮改正模型中只考虑二阶引潮位:

$$\Delta \boldsymbol{r} = \sum_{j=2}^{3} \frac{GM_j}{GM_e} \frac{R_e^4}{R_j^3} \left\{ h_2 \boldsymbol{r} \left(\frac{3}{2} (\boldsymbol{R}_j \boldsymbol{r})^2 - \frac{1}{2} \right) + 3 l_2 (\boldsymbol{R}_j \boldsymbol{r}) \left[\boldsymbol{r} - (\boldsymbol{R}_j \boldsymbol{r}) \boldsymbol{r} \right] \right\} \quad (5.4.1)$$

式中,$\Delta \boldsymbol{r}$ 为测站的位移矢量,GM_e 为地球引力常数,GM_j 为日月引力常数,R_e 为地球赤道半径,$\boldsymbol{R}_j$ 为地心至日月的单位矢量,$\boldsymbol{r}$ 为地心至测站的单位矢量,勒夫数 h_2、l_2 与测站纬度相关。

2. 海潮改正

日月对地球的万有引力作用使得潮汐产生周期性的涨落,引起测站位置发生周期性变化,测站位置越靠近海岸线受到的影响越大,这种作用称为海潮效应。沿海地区的海潮负荷垂直位移可以达到数厘米,因此在中长基线和高精度单点定位中需要考虑海潮改正。

根据 Farrell 负荷理论,海潮负荷对测站位置的影响可以通过全球海潮模型和格林函数褶积分,在频域里求出各测站的每个潮波的振幅和相位,通过不同潮波的叠加即可计算。考虑 4 个半日潮波 M2、S2、N2、K2,4 个周日潮波 K1、O1、P1、Q1 和 3 个长周期潮波 Mf、Mm、Ssa,则测站的海潮负荷改正可以表示为:

$$\Delta X_c = \sum_{j=1}^{11} A_{cj} \cos(\omega_j t + \chi_j - \varphi_j) \quad (5.4.2)$$

式中,ΔX_c 表示站心坐标系中的 NEU 方向偏移量(下标 c 表示 NEU 方向),A_{cj} 表示潮波 j 分量对测站坐标影响的幅度,φ_j 表示潮波 j 分量的相位角,ω_j 表示潮波 j 分量的角速度,χ_j 表示潮波 j 分量的天文参数。通过 Onsala 天文台的在线服务(http://

holt. oso. chalmers. se/loading),选择完海潮模型以后,输入测站名称以及测站经纬度坐标(高程的影响可忽略不计,直接输为 0),即可通过邮件获取相应测站位置处的 11 个潮波,生成海潮 BLQ 文件(每个测站 6 行 11 列,分别表示 11 个潮波在 NEU 方向上的幅度和相位参数),代入(式 5.4.2)计算即可。

参 考 文 献

高晓,戴吾蛟,李施佳,2015.高精度 GPS/BDS 兼容接收机内部噪声检测方法研究[J].武汉大学学报:信息科学版,40(6):795-799.

郭斐,2016.GPS 精密单点定位质量控制与分析的相关理论和方法研究[M].武汉:武汉大学出版社.

韩绍伟,1995.GPS 组合观测值理论及应用[J].测绘学报,24(2):8-13.

黄观文,张睿,张勤,2015.BDS 卫星天线相位中心改正模型比较[J].大地测量与地球动力学,35(4):658-661.

李征航,黄劲松,2010.GPS 测量与数据处理[M].武汉:武汉大学出版社.

潘树国,王姗姗,沈雪峰,等,2012.顾及高程差异的网络差分对流层误差内插模型[J].中国惯性技术学报,20(2):192-195.

阮仁桂,吴显兵,冯来平,2013.单频精密单点定位观测模型和电离层处理方法比较[J].武汉大学学报:信息科学版,38(9):1023-1028.

申俊飞,郑冲,郭海荣,等,2013.北斗卫星导航系统电离层模型应用评价[J].导航定位学报(3):36-38.

张小红,陈兴汉,郭斐,2015.高性能原子钟钟差建模及其在精密单点定位中的应用[J].测绘学报,44(4):392-398.

BILITZA D, ALTADILL D, ZHANG Y, et al, 2014. The International Reference Ionosphere 2012-a model of international collaboration[J]. Journal of Space Weather and Space Climate, 4: A07.

CAO X, LI J, ZHANG S, et al, 2019. Uncombined precise point positioning with triple-frequency GNSS signals[J]. Advances in Space Research, 63(9): 2745-2756.

GUO J, XU X, ZHAO Q, et al, 2016. Precise orbit determination for quad-constellation satellites at Wuhan University: strategy, result validation, and comparison[J]. Journal of Geodesy, 90(2): 143-159.

KOUBA J, HÉROUX P, 2001. Precise point positioning using IGS orbit and clock products[J]. GPS Solutions, 5(2): 12-28.

SCHAER S, GURTNER W, FELTENS J, 1998. IONEX: The ionosphere map exchange format version 1[C]. Proceedings of the IGS AC workshop, Darmstadt, Germany: 233-247.

YANG Y, XU Y, LI J, et al, 2018. Progress and performance evaluation of BeiDou global navigation satellite system: Data analysis based on BDS-3 demonstration system[J]. Science China

Earth Sciences，61(5)：614-624.

思 考 题

1. BDS 测量过程中，误差可以分为与卫星有关的误差、与信号传播有关的误差以及与接收机有关的误差，请详述上述三类误差分别包含哪些误差。

2. BDS 测量过程中的误差可以通过哪些方法予以消除，每种消除方法可以分别消除哪些误差？

3. 什么叫作卫星星历误差，常用的卫星星历包括哪些格式？

4. BDS 测量过程中，为什么要改正相对论效应？

5. 卫星信号在穿越大气层时，为什么要进行对流层和电离层改正？

6. BDS 电离层延迟改正的方法有哪些？请详述每种改正方法的思路。

7. 什么叫作 BDS 多路径误差？消除 BDS 多路径误差的方法有哪些？

8. 为什么要进行接收机天线相位中心改正和卫星相位中心改正？目前 IGS 提供的天线文件是否支持 BDS 系统天线相位中心改正？

9. 接收机钟差和卫星钟差有哪些区别？

10. 零基线为什么可以较好地检测接收机内部测量噪声？

第 6 章
北斗卫星导航定位基本原理与方法

6.1 卫星导航定位原理

6.1.1 定位原理

在传统的测量技术中,测距交会是一种常用的通过交会测量确定点位的方法。与其相似,卫星导航系统定位原理就是利用空间分布的卫星以及卫星与地面点的距离交会得出地面点位置。简言之,卫星导航系统定位原理是一种空间的距离交会原理,以导航卫星至用户接收机天线之间的距离(或距离差)为观测量,根据已知的卫星瞬时坐标,利用空间距离后方交会,确定用户接收机天线所对应的观测站的位置(边少锋 等,2005)。

由第 1 章可知,至少需测定 4 颗卫星在某瞬间的位置以及它们分别至该接收机的距离,再利用距离交会法解算出测站 P 的位置及接收机钟差 δ_t。设时刻 t_i 在测站点 P 用接收机同时测得 P 点至 4 颗卫星 $S_i(i=1\sim4)$ 的距离分别为 $\rho_i(i=1\sim4)$,通过卫星导航电文解译出该时刻 4 颗卫星的三维坐标分别为 (x^j, y^j, z^j),$j=1\sim4$,用距离交会的方法求解 P 点的三维坐标 (x, y, z)。观测方程为:

$$\begin{cases} \rho_1 = \sqrt{(x-x^1)^2+(y-y^1)^2+(z-z^1)^2} + c\delta_t \\ \rho_2 = \sqrt{(x-x^2)^2+(y-y^2)^2+(z-z^2)^2} + c\delta_t \\ \rho_3 = \sqrt{(x-x^3)^2+(y-y^3)^2+(z-z^3)^2} + c\delta_t \\ \rho_4 = \sqrt{(x-x^4)^2+(y-y^4)^2+(z-z^4)^2} + c\delta_t \end{cases} \quad (6.1.1)$$

式中,c 为光速,δ_t 为接收机钟差。

根据式(6.1.1)可知,在定位测量中,要求得测站点的三维坐标,必须测定观测瞬间各卫星的准确位置和观测瞬间各卫星至测站点的站星距。

由此可见,卫星导航系统定位测量中,要解决的问题有两个:

一是观测瞬间卫星的位置。由第3章内容可以知道,卫星发射的导航电文中包含卫星星历、卫星时钟改正、电离层时延改正、工作状态等信息,可以实时地确定卫星的位置信息,即确定4颗卫星的三维坐标。

二是观测瞬间测站点至卫星之间的距离(站星距)。站星距是通过测定卫星信号在卫星和测站点之间的传播时间来确定的,即精确测定卫星至地面的距离 ρ。

6.1.2 定位方法分类

卫星定位技术在诸多领域得到了广泛的应用,其分类方法也多种多样,主要可从接收机天线所处的状态、是否具有参考基准和所获取的用于定位测量的信息来划分。从接收机天线所处的状态来看,卫星定位可分为静态定位和动态定位;从接收机是否具有参考基准来看,卫星定位可分为单点定位(也称绝对定位)和相对定位;从卫星定位观测信息的性质来看,卫星定位可分为伪距定位、载波相位定位、多普勒定位。

1. 静态定位和动态定位

每次处理接收机观测资料时,待定点在地心坐标系中的位置都可认为是固定不变的,确定这些待定点位置的方法称为静态定位。不同等级的 GNSS 控制网测量就是静态定位的典型应用。如果在一次观测期间待定点相对于周围的固定点有可觉察到的运动或显著的运动,则在处理该时段的观测资料时待定点的位置将随时间变化,确定这些运动的待定点的位置就称为动态定位。严格地说,静态定位和动态定位的根本区别并不在于待定点本身是否在运动,而在于建立的数学模型中待定点的位置是否可看作常数,也就是说,在观测期间待定点的位移量和允许的定位误差相比是否显著,能否忽略不计。由于进行静态定位时待定点的位置可视为固定不动,因而就有可能通过大量重复观测来提高定位精度。静态定位在大地测量、精密工程测量、地球动力学和地震监测等领域得到了广泛应用,是实现精密定位的基本模型。

2. 单点定位和相对定位

独立确定待定点在坐标系中的绝对位置的方法称为单点定位,也称为绝对定位。单点定位的优点是只需要用一台接收机即可定位。因此,外出观测的组织和实施较为自由方便,数据处理也较为简单。但单点定位的结果受卫星星历误差和卫星信号传播过程中大气延迟误差的影响比较显著,因此定位精度比带有误差改正信息的差分定位模式要低。单点定位模式在车辆、船舶、飞机的导航,地质矿产勘探,暗礁定位,浮标观测,海洋渔业和低精度测量等领域中有着广泛的应用,在国防建设中也有重要的作用。

相对定位则是同步跟踪相同卫星信号的若干台接收机确定待定点相对位置的一

种定位模式。由于用同步观测资料进行相对定位时,对于各同步测站来讲有许多误差是相同的或近似的(如卫星钟的时钟误差、卫星星历误差、卫星信号在大气中的传播误差等),这些误差可以通过对各站观测数据求差的方式消除或大幅度削弱,因此可获得很高精度的相对位置。然而,进行相对定位时需用多台(至少两台)接收机进行同步观测,其中任何一台接收机因故未能按预定计划按时开机或在观测过程中出现故障,都将使得与该测站有关的相对定位工作无法进行。因此,相对定位中观测的组织和实施较单点定位更为复杂,数据处理也更为麻烦。相对定位的结果是各同步测站之间的基线向量,因而需至少给出其中一站的坐标后才能求出其余各站的坐标。相对定位不仅可用于静态定位,也可用于动态定位。相对定位这种模式在大地测量、工程测量和地壳形变监测等精密定位领域内均有广泛的应用。

绝对定位和相对定位中,又都包含静态和动态两种方式,即动态绝对定位、静态绝对定位、动态相对定位和静态相对定位。

3. 由观测信息确定的定位方法

接收机接收到的信号中包含伪随机码、导航电文、载波频率等信息,也就是说,我们可以利用接收信号中伪随机码的时间延迟、载波相位以及由卫星与接收机之间的相对运动导致的多普勒频移获取卫星与接收机之间的距离(或距离差),进而实现定位测量。通过伪随机码测传播时间实现定位的方法,称为测码伪距法定位;通过载波相位测量实现定位的方法则称为测相伪距法定位(又称载波相位法定位);通过测量多普勒频移实现定位的方法称为多普勒法定位。其中,多普勒法定位较早应用于美国的子午卫星导航系统。由于多普勒法定位的实时性能较差,要想实现高精度定位,需要较长的观测时间,所以一般都采用伪距或载波相位定位,而多普勒频移常用于测定接收机的速度。

6.2　北斗系统基本观测量

6.2.1　伪距观测值

无线电测码的基本原理是通过测定电磁波传播时间 t 得到距离观测量,即

$$\rho = c \cdot t \tag{6.2.1}$$

式中,c 为电磁波传播速度。

卫星导航系统在利用伪随机码测距时亦基于同样原理。考虑到卫星和接收机均

安装了时钟,理论上,两者采用相同的时间系统——北斗时,两个时钟的时间读数在同一时刻是一致的。卫星在卫星钟的控制下产生测距码信号,同时接收机在接收机钟的控制下产生相同的测距信号,称为复制码。在不考虑卫星钟差和接收机钟差的情况下,卫星上产生的测距码与接收机产生的复制码在同一时刻的码元是完全相同的。卫星产生的测距码经过空间传播到达接收机,由于受到传播时间延迟的影响,相比于接收机产生的复制码,到达接收机的测距码已存在滞后平移。将卫星测距码与接收机的复制码进行比对,利用时间延迟器调整复制码,即平移复制码使之与来自卫星的测距码之间的相关性达到最高。延迟器记录的平衡量 $\Delta \tau$ 就对应于卫星信号传播的延迟时间 $\Delta t_{\mathrm{rec}}^{\mathrm{sat}}$。将延迟时间乘以真空中的光速,即得到了测码伪距观测值。

但是,在实际情况中,卫星钟和接收机钟都存在误差,钟读数与理论北斗时并不一致,即卫星钟维持的时间系统与接收机钟维持的时间系统不完全为北斗时,这将导致卫星与接收机产生的测距码并非严格同步。根据时钟读数测定的传播时间并非为真正的传播时间,需要考虑钟误差的影响,将两者的时间统一归化至北斗时间系统下,即

$$\Delta t_{\mathrm{rec}}^{\mathrm{sat}} = t_{\mathrm{r}}(\mathrm{rec}) - t^{\mathrm{s}}(\mathrm{sat}) = (t_{\mathrm{r}} + \mathrm{d}t_{\mathrm{r}}) - (t^{\mathrm{s}} + \mathrm{d}t^{\mathrm{s}}) = \Delta t + \mathrm{d}t_{\mathrm{r}} - \mathrm{d}t^{\mathrm{s}} \quad (6.2.2)$$

式中,$\Delta t_{\mathrm{rec}}^{\mathrm{sat}}$ 为卫星钟读数和接收机钟读数确定的时间差;t_{r} 为北斗时间系统下真实的信号发射时刻;t^{s} 为北斗时间系统下真实的信号接收时刻;$\mathrm{d}t_{\mathrm{r}}$ 为接收机钟差;$\mathrm{d}t^{\mathrm{s}}$ 为卫星钟差;$\Delta t = t_{\mathrm{r}} - t^{\mathrm{s}}$ 是真实的信号传播时间。将上式乘以光速 c,得到:

$$c \cdot \Delta t_{\mathrm{rec}}^{\mathrm{sat}} = c \cdot \Delta t + c \cdot \mathrm{d}t_{\mathrm{r}} - c \cdot \mathrm{d}t^{\mathrm{s}} \quad (6.2.3)$$

式中,$c \cdot \Delta t$ 表示消除了钟差的卫星至接收机之间的几何距离;$c \cdot \mathrm{d}t_{\mathrm{r}}$ 和 $c \cdot \mathrm{d}t^{\mathrm{s}}$ 分别表示接收机和卫星钟差的等效几何距离。如果同时考虑星历误差、电离层延迟、对流层延迟、硬件延迟、接收机噪声和未模型化的误差影响,则完整的测码伪距表达式可写为:

$$P = c \cdot \Delta t_{\mathrm{rec}}^{\mathrm{sat}} = \rho - c(\mathrm{d}t^{\mathrm{s}} + B) + c(\mathrm{d}t_{\mathrm{r}} + b) + \mathrm{d}\rho + I + T + \varepsilon \quad (6.2.4)$$

式中,$\mathrm{d}\rho$ 为星历误差,I 为电离层延迟,T 为对流层延迟,B 为卫星硬件延迟,b 为接收机硬件延迟,ε 为接收机噪声和未模型化的误差影响。

理论上,卫星和复制信号应该完全一样。但实际上,由于受到噪声等的影响,两者波形并不完全一致,会产生一些差异。因此,卫星测距码与接收机复制码的比对过程,是寻求两者最大相关性来确定延迟时间的过程。其相关性大小根据相关系数来计算,如式(6.2.5)所示:

$$R = \frac{1}{T} \int_{T} u^{\mathrm{s}}(t - \Delta t) \cdot u_{\mathrm{c}}(t - \Delta \tau) \cdot \mathrm{d}t \quad (6.2.5)$$

式中,R 为相关系数,T 为积分间隔,$u^{\mathrm{s}}(t - \Delta t)$ 为来自卫星经过传播时间 $\Delta t_{\mathrm{rec}}^{\mathrm{sat}}$ 的测距

码，$u_c(t-\Delta\tau)$ 为经过延迟器延迟时间 $\Delta\tau$ 的接收机复制码。相关系数 R 取最大值时所对应的延迟时间 $\Delta\tau$ 即为确定的延迟时间（赵琳 等，2011）。

6.2.2 载波相位观测值

载波是一种没有任何标记的正弦波，用于调制测距码和导航电文。在载波相位传播过程中，时间变化或者空间距离的变化都将导致载波相位发生变化，即信号发送和接收时载波相位的变化同样包含距离变化。因此可以利用载波相位的变化实现距离测量。

如图 6.1 所示，需要测定 A 和 B 的距离，假设在信号传播过程中，载波频率 f 始终保持不变，当载波于 t_A 时刻到达 A 点时，相位为 $\varphi(t_A)$；当信号于 t_B 时刻到达 B 点时，测得其相位为 $\varphi(t_B)$，有如下关系式成立：

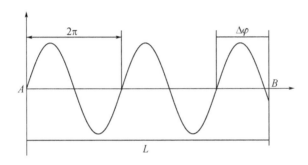

图 6.1 载波相位测距原理图

$$\varphi(t_B) = \varphi(t_A) + f(t_B - t_A) \tag{6.2.6}$$

则信号从 A 至 B 的传播延迟为：

$$\tau_{AB} = t_B - t_A = \frac{\varphi(t_B) - \varphi(t_A)}{f} \tag{6.2.7}$$

可得 A、B 之间的距离为：

$$|AB| = c \cdot \tau_{AB} = \lambda[\varphi(t_B) - \varphi(t_A)] = \lambda(N + \Delta\varphi) \tag{6.2.8}$$

式中，c 为电磁波传播速度；λ 为载波波长；N 为 $|AB|$ 包含的载波整周数；$\Delta\varphi$ 为不足一周的相位。

同理，当使用卫星发出的载波信号测距时，考虑到卫星和接收机上均安装有时钟，理论上，两者采用相同的时间系统，两时钟的时间读数在同一时刻是一致的。卫星在卫星钟的控制下产生载波，同时接收机在接收机钟的控制下产生频率和初相相同的载波。不考虑卫星钟差和接收机钟差的情况下，两者在同一时刻的载波相位理论上是完全相同的。卫星产生的载波传播至接收机,卫星载波不仅经历了传播时间变化,而且经历了由卫星至接收机的空间距离变化。而接收机产生的载波仅经历了传播时间变化,没有空间距离变化。在接收时刻,将接收机产生的载波相位与接收到的卫星载波相位进行比对测量,得到两者相位差 $\Delta\Phi$,即为载波相位观测值。两者之间完整的相位差乘以对应波长即为卫星至接收机的几何距离。

设卫星信号发射时刻为 t^s,发射时刻卫星产生的载波相位为 $\Phi^s(t^s)$,接收机产生的载波相位为 $\Phi_r(t_r)$;卫星信号到达接收机时刻为 t_r,接收时刻的卫星载波相位经历了传播时间变化,并经历了卫星至接收机的空间距离变化,其载波相位为:

$$\Phi^s(t_r) = \Phi^s(t^s) + f^s(t_r - t^s) - f^s\frac{\rho}{c} \tag{6.2.9}$$

接收机载波相位则仅经历了传播时间变化,没有经历空间距离的变化,其载波相位为:

$$\Phi_r(t_r) = \Phi_r(t^s) + f_r(t_r - t^s) \tag{6.2.10}$$

两者相位之差为:

$$\Delta\Phi = \Phi_r(t_r) - \Phi^s(t_r) = (\Phi_r(t^s) - \Phi^s(t^s)) + f^s\frac{\rho}{c} + (f^s - f_r)(t^s - t_r) \tag{6.2.11}$$

初始相位在钟的控制下是一致的,即 $\Phi_r(t^s) = \Phi^s(t^s)$,同时忽略频率的变化,即 $f^s = f_r$,则式(6.2.11)变为:

$$\Delta\Phi = \Phi_r(t_r) - \Phi^s(t_r) = f^s\frac{\rho}{c} \tag{6.2.12}$$

式(6.2.12)即为载波相位观测值表达式。考虑钟差影响,用公式可表示为:

$$\Delta\Phi = \Phi_r(t_r) - \Phi^s(t_r) = f^s\frac{\rho}{c} + f dt_r - f dt^s \tag{6.2.13}$$

上述测量过程实际上无法完成,这是由于载波是没有任何标记的周期性的正弦波,当将接收机产生的载波相位与接收到的卫星载波相位进行比对时,无法知道哪一周是与接收到的相位对应同步的周,始终会有一个整周模糊度存在,亦即接收机无法测量到 $\Delta\Phi$ 的完整相位观测值。

若锁定卫星的首个历元,接收机只能确定载波相位观测值 $\Delta\Phi$ 中不足一周的小数部分 $\varphi^s(t_0)$,$\Delta\Phi$ 中包含的整周个数 N 是未知的,我们将其称为整周模糊度,即:

$$\Delta\Phi = \varphi^s(t_0) + N \tag{6.2.14}$$

之后的历元,安装在接收机中的多普勒计数器开始发挥作用,记录下载波测量距离的整周变化 $\mathrm{Int}(\varphi, t_0, t)$(由于卫星和接收机间的相对运动而引起的距离变化),同时不足一个周期的部分 $\Phi_F^s(t)$ 仍然保持测量。此时完整相位观测值为:

$$\Delta\Phi = \Phi_F^s(t) + \mathrm{Int}(\varphi, t_0, t) + N \qquad (6.2.15)$$

实际观测值为:

$$\varphi^s(t) = \Phi_F^s(t_1) + \mathrm{Int}(\varphi, t_0, t_1) \qquad (6.2.16)$$

从而得到:

$$\Delta\Phi = \varphi^s(t) + N \qquad (6.2.17)$$

只要接收机在观测时段内连续观测不失锁,当前历元的整周模糊度与锁定后的第一个历元的整周模糊度就将保持一致;如果观测出现失锁,信号重新锁定时,若不能通过周跳探测确定整周跳变大小,锁定后的首个历元则将产生一个新的整周模糊度。

类似于伪距观测值,载波相位观测值同样受到卫星钟差、接收机钟差、电离层延迟误差、对流层延迟误差、硬件延迟误差、星历误差,以及测量噪声等的影响,因此载波相位观测值的完整表达式可写为:

$$\lambda \cdot \Delta\Phi = \rho - c(\mathrm{d}t^s + B) + c(\mathrm{d}t_r + b) + \mathrm{d}\rho + I + T + \varepsilon \qquad (6.2.18)$$

式中,I 为电离层延迟,T 为对流层延迟,B 为卫星硬件延迟,b 为接收机硬件延迟,ε 为接收机噪声和未模型化的误差影响。需要注意的是,式中的电离层延迟、硬件延迟等与测码伪距中的误差并不一致。

载波相位观测值的精度同样与波长有关,载波相位的波长要比测距码码元宽度小得多,因而具有更高的精度。目前测量型接收机的载波相位测量精度可达 $0.2\sim0.3\ \mathrm{mm}$。

由上文可知,利用载波相位观测值来进行导航定位,不仅要处理载波相位观测值中存在的各种误差,而且还要解决整周模糊度和整周跳变问题,数据处理复杂程度要远大于测码伪距观测值。但由于载波相位观测值的精度要高于测码伪距观测值,载波相位观测值仍是高精度定位中主要采用的观测值。

6.2.3　多普勒频移测量值

多普勒效应是指发射源与接收机之间有相对运动时,信号频率随瞬时相对距离的缩短和增大而相应增高和降低的现象。

由于导航卫星在不断地运动,因此它传给接收机的卫星信号将发生多普勒效应。

信号频率的变化称为多普勒频移。当卫星向接收机运动时,距离缩短,多普勒频移为正;当卫星远离接收机运动时,距离增大,多普勒频移为负。一般的测量型接收机都提供多普勒观测值。

由物理学可知,接收信号频率 f_r 可表示为发射信号频率 f_s、信号传播速度 c、单位时间内发射源和接收机之间的距离变化量 $\mathrm{d}r/\mathrm{d}t$ 的函数,在不考虑相对论效应时,接收频率为:

$$f_r = f_s\left(1 - \frac{\mathrm{d}r/\mathrm{d}t}{c}\right) \tag{6.2.19}$$

式中,$\mathrm{d}r/\mathrm{d}t$ 为单位时间内卫星与地面接收机间的距离变化,即卫星相对于测站的径向速度,记为 v。相应的多普勒频移为

$$\Delta f = f_r - f_s = -f_s\frac{v}{c} \tag{6.2.20}$$

由式(6.2.20)可知,多普勒观测值与卫星和接收机的运动速度有关。因此,多普勒观测值常用于运动体的速度测量。除此之外,多普勒观测值还可单独用于进行单点定位(黄丁发 等,2015)。

6.3 单 点 定 位

6.3.1 伪距单点定位

1. 定位原理

如果未知点与空间多个已知点的距离是可测量的,那么可以在同一坐标系下,根据已知点的位置以及已知点与未知点的距离求得未知点的坐标,这就是伪距法定位的基本数学思想。实际应用中,要得到准确的未知点坐标,还需要考虑各种误差的影响。

由 6.2 节内容可知,用户接收机可以通过伪随机码相位测量或载波相位测量得到卫星的伪距,这种由接收机测量得到的伪距中实际上包含了接收机时钟误差、大气时延和卫星星历等误差,因此,可将式(6.2.4)扩展如下

$$P_k^j = c \cdot \Delta t_{\mathrm{rec}}^{\mathrm{sat}} = \rho_k^j + c\mathrm{d}t^j - c\mathrm{d}t_k + I^j + T^j \tag{6.3.1}$$

式中,P_k^j 为接收机 k 至卫星 j 的伪距,由接收机直接测量得到;ρ_k^j 为接收机 k 至卫星 j 的真实距离;$\mathrm{d}t_k$ 为接收机钟差,$\mathrm{d}t^j$ 为卫星钟差,可由导航电文求得;I^j 为电离层延迟;T^j 为

对流层延迟。

接收机 k 至卫星 j 可表示为

$$\rho_k^j = \sqrt{(x^j - x_k)^2 + (y^j - y_k)^2 + (z^j - z_k)^2} \tag{6.3.2}$$

式中，$X^j(x^j, y^j, z^j)$ 为卫星 j 在地心地固坐标系（Earth-Centered，Earth-Fixed，简称 ECEF）中的位置，$X_k(x_k, y_k, z_k)$ 为接收机 k 在 ECEF 坐标系中的位置。

在式（6.3.1）中，由于电离层、对流层误差均可利用模型进行修正，卫星钟差可由导航电文提供的参数修正，因此，式（6.3.1）可简化为

$$P_k^j = \sqrt{(x^j - x_k)^2 + (y^j - y_k)^2 + (z^j - z_k)^2} - c\mathrm{d}t_k \tag{6.3.3}$$

为了求解用户的三维位置和接收机时钟偏差这 4 个未知数，至少需要 4 个形如式（6.3.3）的方程，因此，需要同时观测至少 4 颗卫星，即 $j \geqslant 4$。考虑到式（6.3.3）是非线性方程，求解困难，一般可将其化简为线性方程。

如果接收机的概略位置已知，假定为 $\boldsymbol{X}_0 = (x_0, y_0, z_0)$，将式（6.3.3）在 (x_0, y_0, z_0) 处用泰勒级数展开后可得线性化的观测方程，如下所示：

$$P_0^j = \rho_0^j - \frac{x^j - x_0}{\rho_0^j} v_x - \frac{y^j - y_0}{\rho_0^j} v_y - \frac{z^j - z_0}{\rho_0^j} v_z - c\mathrm{d}t_k \tag{6.3.4}$$

式中，$\dfrac{x^j - x_0}{\rho_0^j} = l^j$，$\dfrac{y^j - y_0}{\rho_0^j} = m^j$，$\dfrac{z^j - z_0}{\rho_0^j} = n^j$ 为从测站近似位置至第 j 颗卫星方向上的方向余弦；ρ_0^j 为从测站的近似位置至第 j 颗卫星间的距离；$\Delta \boldsymbol{X} = (v_x, v_y, v_z)^{\mathrm{T}}$ 表示真实位置 $\boldsymbol{X}_k$ 与概略位置 $\boldsymbol{X}_0$ 之间的偏移，即 $\Delta \boldsymbol{X} = \boldsymbol{X}_k - \boldsymbol{X}_0$。因此，误差方程可表示为下列形式：

$$
\begin{aligned}
v^j &= -l^j v_x - m^j v_y - n^j v_z - c v_{t_k} + L^j \\
&= \boldsymbol{I}^j \Delta \boldsymbol{X} - c v_{t_k} + L^j
\end{aligned} \tag{6.3.5}
$$

式中，常数项为 $L^j = \rho_0^j - P_0^j$，$\boldsymbol{I}^j = (-l^j, -m^j, -n^j)$。

当同时观测 $n(n \geqslant 4)$ 颗卫星时，有如下联立方程：

$$
\begin{cases}
v^1 = \boldsymbol{I}^1 \Delta \boldsymbol{X} - c v_{t_k} + L_1 \\
v^2 = \boldsymbol{I}^2 \Delta \boldsymbol{X} - c v_{t_k} + L_2 \\
\cdots\cdots \\
v^n = \boldsymbol{I}^n \Delta \boldsymbol{X} - c v_{t_k} + L_n
\end{cases} \tag{6.3.6}
$$

以上方程可写成矩阵的形式：

$$V = AX - L \tag{6.3.7}$$

式(6.3.7)就是卫星导航伪距定位的测量方程。测量残差 V 是指消除掉已知偏差后的残存误差,一般由一些缓慢变化的项及随机噪声组成,前者可从导航电文中给出的等效用户测距误差中获得,后者的高频误差主要由接收机噪声和量化误差产生。

由于接收机观测的卫星数量不同,所以对上式的求解方法也有差异,可分为以下两种情况:

① 当观测 4 颗卫星时 ($n = 4$),只能忽略观测随机误差(即 $V = 0$),求得代数解:

$$\hat{X} = A^{-1}L \tag{6.3.8}$$

② 当观测 4 颗以上卫星时($n > 4$),可根据最小二乘法求解,即组成法方程:

$$A^{\top}AX = A^{\top}L \tag{6.3.9}$$

解法方程,求得未知参数向量:

$$\hat{X} = (A^{\top}A)^{-1}A^{\top}L \tag{6.3.10}$$

当概略坐标误差较大时,用于建立矩阵 A 的先验估值与真实值相差较大,会使定位结果产生较大的偏差,可通过迭代的方法加以解决。实际上,当接收机概略坐标未知时,可将其设置在地球的球心,对最小二乘求解过程进行多次迭代后,解算结果将收敛于接收机真实位置。

2. 精度评定

利用 BDS 进行单点定位时,定位精度与两个因素有关:一是观测量的精度,二是卫星在空间的几何分布。卫星在空间的几何分布是评定单点定位精度的重要参考指标,而精度因子(Dilution of Precision,DOP)是反映单点定位卫星和接收机的几何结构的重要参数。因此常用 DOP 值来定量描述卫星空间几何结构分布的好坏,并对单点定位精度进行评价。

根据式(6.3.10),可得到位置参数和接收机钟差参数的协因数阵,计算如下:

$$Q_x = (A^{\top}A)^{-1} = \begin{bmatrix} q_x & q_{xy} & q_{xz} & q_{xt} \\ q_{xy} & q_y & q_{yz} & q_{yt} \\ q_{xz} & q_{yz} & q_z & q_{zt} \\ q_{xt} & q_{yt} & q_{zt} & q_t \end{bmatrix} \tag{6.3.11}$$

将上述协因数阵中的位置参数转换至测站坐标系(包括北方向 n,东方向 e,高程

方向 u),得到测站坐标系下的协因数阵为：

$$\boldsymbol{Q}_w = \begin{bmatrix} q_n & q_{ne} & q_{nu} \\ q_{ne} & q_e & q_{eu} \\ q_{nu} & q_{eu} & q_u \end{bmatrix} \quad\quad (6.3.12)$$

由上述协因数阵,根据不同的要求、不同的精度评价模型,可计算得到不同类型的 DOP 值。各种类型的 DOP 值计算公式如下：

(1) 几何精度因子(Geometric DOP,GDOP)

$$GDOP = \sqrt{q_x + q_y + q_z + q_t} \quad\quad (6.3.13)$$

(2) 三维位置精度因子(Position DOP,PDOP)

$$PDOP = \sqrt{q_x + q_y + q_z} = \sqrt{q_n + q_e + q_u} \quad\quad (6.3.14)$$

(3) 平面位置精度因子(Horizontal DOP,HDOP)

$$HDOP = \sqrt{q_n + q_e} \quad\quad (6.3.15)$$

(4) 高程精度因子(Vertical DOP,VDOP)

$$VDOP = \sqrt{q_u} \quad\quad (6.3.16)$$

(5) 接收机钟差精度因子(Time DOP,TDOP)

$$TDOP = \sqrt{q_t} \quad\quad (6.3.17)$$

选择最佳的 BDS 定位星座,是获取高精度导航定位的有效方法之一。BDS 星座与用户构成的图形为多面体,研究表明,GDOP 与星座多面体的体积成反比。因此,用户应尽量选择体积较大的 BDS 卫星定位星座与用户构成的多面体,以便获得较小的 GDOP 值,减少几何精度因子对用户位置测定精度的损失(刘基余,2008)。

6.3.2 精密单点定位技术

1. 精密单点定位基本原理

精密单点定位(Precise Point Positioning,PPP)指的是利用全球若干地面跟踪站的观测数据计算出的精密卫星轨道和卫星钟差,对单台 BDS 接收机所采集的相位和伪距观测值进行定位解算,最终获得待定点高精度坐标的一种定位方法。

BDS 精密单点定位采用一台双频 BDS 接收机,利用 IGS 提供的精密星历和卫星钟差,基于载波相位观测值进行高精度定位。观测值中的电离层延迟误差通过双频信

号组合来消除,对流层延迟误差通过引入未知参数进行估计。其观测方程如下:

$$l_p = \rho + c(\mathrm{d}t_r - \mathrm{d}t^i) + M \cdot zpd + \varepsilon_p \tag{6.3.18}$$

$$l_\phi = \rho + c(\mathrm{d}t_r - \mathrm{d}t^i) + \alpha^i + M \cdot zpd + \varepsilon_\phi \tag{6.3.19}$$

式中,l_p 为无电离层伪距组合观测值;l_ϕ 为无电离层载波相位组合观测值;ρ 为测站与卫星间的几何距离;c 为光速;$\mathrm{d}t_r$ 为接收机钟差;$\mathrm{d}t^i$ 为第 i 颗卫星的钟差;α^i 为无电离层组合模糊度;M 为投影函数;zpd 为天顶方向对流层延迟;ε_p 和 ε_ϕ 分别为两种组合观测值的多路径误差和观测噪声。

将 l_p 和 l_ϕ 视为观测值,测站坐标、接收机钟差、无电离层组合模糊度及对流层天顶延迟参数视为未知数 X,在未知数近似值 X^0 处对式(6.3.18)和式(6.3.19)进行泰勒级数展开,保留至一次项,误差方程矩阵形式为

$$V = Ax - I \tag{6.3.20}$$

式中,V 为观测值残差向量;A 为设计矩阵;x 为未知数增量向量;I 为常数向量。

式(6.3.20)中 A 和 I 的计算用到的 BDS 卫星钟差和轨道参数需采用 IGS 事后精密钟差和轨道产品内插求得(Ren et al,2019)。

精密单点定位计算主要过程包括:观测数据的预处理、精密星历和精密卫星钟差拟合成轨道多项式(精密单点定位中要求卫星轨道精度需达到厘米级,卫星钟差改正精度需达到亚纳秒级)、各项误差的模型改正及参数估计等。

2. 精密单点定位主要误差源及其改正模型

BDS 精密单点定位中使用非差观测值,没有组成差分观测值。所以 BDS 定位中的所有误差项都必须考虑,具体的误差项请参见第 5 章。目前主要通过两种途径来处理非差观测值误差。

(1) 对于能精确模型化的误差采用模型改正,比如卫星天线相位中心的改正、各种潮汐的影响、相对论效应等都可以采用现有的模型精确改正。

(2) 对于不能精确模型化的误差加参数进行估计或使用组合观测值。比如对流层天顶湿延迟,目前还难以用模型精确模拟,可加参数对其进行估计;而电离层延迟误差可采用双频组合观测值来消除低阶项。

3. 精密单点定位的技术优势

BDS 精密单点定位技术单机作业,灵活机动,作业不受作用距离的限制。它集成了单点定位和差分定位的优点,克服了各自的缺点,它的出现改变了以往只能使用双差定位模式才能达到较高定位精度的现状,较传统的差分定位技术具有显著的技术优势。

首先,随着国家真三维基础地理空间基准的建立,不管是动态用户还是传统的静态用户,都希望实现在 ITRF 框架下的高精度定位。过去广大 BDS 用户要通过使用 GAMIT、Bernese 等高精度静态处理软件,并同 IGS 永久跟踪站进行较长时间的联测才能获取高精度的 ITRF 起算坐标。但对很多生产单位的技术人员来讲,要熟练掌握上述高精度软件的处理并非易事。而现在的商用相对定位软件只能处理几十千米以内的基线。采用精密单点定位技术就可以解决这些问题。IGS 有多个不同的数据处理中心,每天处理全球几十个甚至几百个永久跟踪站的数据,计算并发布高精度的卫星轨道和卫星钟差产品。也就是说大量复杂的数据处理已经交给 IGS 数据处理中心的专业人员处理,广大的普通用户可直接利用 IGS 的产品,基于精密单点定位技术就可以实现在 ITRF 框架下的高精度定位。

其次,采用精密单点定位技术可节约用户购买接收机的成本,用户使用单台接收机就可实现高精度的动态和静态定位,也可提高作业效率。此外,由于精密单点定位基于非差模型,没有在卫星间求差,所以在多系统组合定位中,其处理要比双差模型简单。没有在观测值间求差,模型中保留了所有信息,这对于从事地壳运动、环境监测等相关领域的研究也具有优势(王阅兵 等,2018)。

6.4　差　分　定　位

卫星导航差分定位技术利用卫星导航系统的误差随时间变化缓慢、且与距离和路径强相关的特性,通过求差的方法消除公共误差和绝大部分传播延迟误差,从而显著提高系统的定位精度。

根据差分基准站发送的信息内容的不同,差分定位系统可分为三类:位置差分、伪距差分和载波相位差分。这三类差分方式的工作原理是相同的,都是由基准站发送误差改正信息,由用户站接收并对测量结果进行改正,以获得精确的定位结果。不同的是,各类差分方式发送的改正信息的具体内容不同,差分方式的技术难度、定位精度也不同。

6.4.1　伪距差分定位

1. 位置差分

位置差分是一种最简单的差分方法。安装在基准站的接收机观测 4 颗卫星后便可进行三维定位,解算出基准站的坐标。由于存在轨道误差、时钟误差、大气影响、多路径效应以及其他的误差,解算出的坐标与基准站的精确坐标是不一样的,存在如下误差：

$$\Delta \boldsymbol{x} = \boldsymbol{x}_b^* - \boldsymbol{x}_b \tag{6.4.1}$$

式中，$\boldsymbol{x}_b^*$ 为实测并解算出的基准站三维位置矢量；$\boldsymbol{x}_b$ 表示基准站的精确位置；$\Delta \boldsymbol{x}$ 为基准站三维坐标改正数。

基准站将此改正数发送给用户站，用户对解算的用户站坐标进行改正：

$$\boldsymbol{x}_u = \boldsymbol{x}_u^* - \Delta \boldsymbol{x} \tag{6.4.2}$$

式中，$\boldsymbol{x}_u^*$ 为接收机直接解算出的用户位置，存在误差；$\boldsymbol{x}_u$ 为采用位置差分方法得到的用户位置，是对 $\boldsymbol{x}_u^*$ 改正后的结果。

假如考虑用户站的位置改正瞬间变化，则有：

$$\boldsymbol{x}_u = \boldsymbol{x}_u^* - \left[\Delta \boldsymbol{x} + \frac{\mathrm{d}\Delta \boldsymbol{x}}{\mathrm{d}t}(t - t_0) \right] \tag{6.4.3}$$

式中，t_0 为位置校正的有效时刻。

由式(6.4.2)和式(6.4.3)可知，最后得到的改正后的用户坐标消去了基准站和用户站的共同误差，如卫星星历误差、大气层延迟影响等，提高了定位精度。

位置差分方式的优点是计算方法简单，适用范围较广；缺点是对用户站和基准站之间的距离有一定的限制。由以上叙述可知，必须保证基准站的坐标改正数适用于用户站，这就要求用户站和基准站同时观测同一组卫星。如果两站距离较远，由于用户站和基准站的观测条件不一致，很难保证同时观测的是相同的卫星，实现时就有一定的难度。

2. 伪距差分

与位置差分法不同，在伪距差分方法中，基准站发出的改正数是基准站至各颗卫星的伪距改正数。在基准站上的接收机计算出基准站至每颗可见卫星的真实距离，并将计算出的距离与含有误差的伪距测量值进行比较，求出差值，然后将所有卫星的测距误差传输给用户站，用户站利用这些测距误差估计值来改正测量的伪距。最后，用户利用改正后的伪距解算出用户站的位置，就可消去公共误差，提高定位精度。

首先，基准站利用导航电文解算卫星 i 在 ECEF 坐标系中的位置 $\boldsymbol{X}^i = (x^i, y^i, z^i)$，可以求出各卫星到基准站的真实距离：

$$\rho_b^i = |\boldsymbol{X}^i - \boldsymbol{x}_b| \tag{6.4.4}$$

基准站接收机测量的伪距 R_b^i 包含基准站接收机钟差、电离层延迟、对流层延迟和卫星钟差等各种因素引起的距离误差，将 R_b^i 与真实距离 ρ_b^i 求差可以求出伪距的改正数：

$$\Delta R_b^i = \rho_b^i - R_b^i \tag{6.4.5}$$

如果需要更精确的伪距改正数，可求出伪距改正数的变化率：

$$\Delta \dot{R}_b^i = \frac{\Delta R_b^i}{\Delta t} \tag{6.4.6}$$

由于基准站和用户站之间的距离较近，可以认为卫星信号到基准站和到用户站的传输路径近似相同，那么可认为求得的基准站伪距改正数及其变化率也适用于用户站。因此，基准站将 ΔR_b^i 和 $\Delta \dot{R}_b^i$ 传送给用户站，用户站接收机测量出用户站至卫星的伪距 R_u^i 后，加上伪距改正数，便可以得到经过差分修正的伪距：

$$\hat{R}_u^i = R_u^i + \Delta R_b^i + \Delta \dot{R}_b^i (t - t_0) \tag{6.4.7}$$

伪距差分有以下优点：

（1）由于基准站的伪距改正数及其变化率是直接在 ECEF 坐标系上计算得出的，用户站伪距在使用时不必进行坐标转换，可以避免坐标转换引起的误差，提高定位的精度。

（2）基准站能同时提供伪距改正数及其变化率，用户站在未得到改正数的空隙也可以采用外推的方法继续进行高精度定位。

（3）基准站能同时提供所有可见卫星的改正数及其变化率，允许用户站使用其中任意 4 颗以上的卫星信号进行定位，而不要求必须与基准站观测完全相同的卫星，因而放宽了使用限制，使伪距差分方法得到广泛的应用。

与位置差分相似，伪距差分也能将基准站和用户站的公共误差抵消，但随着用户站和基准站之间距离的增加，新的系统误差将被引入，这种误差是采用任何差分定位方法都不能消除的。用户站和基准站之间的距离对用户站的定位精度有决定性影响。

6.4.2　载波相位差分定位

1. 静态载波相位差分定位

设有两台接收机 T_1 和 T_2 分别安置在不同位置，构成一条基线，对 BDS 卫星 j 和 k 进行同步观测，在 t_i 历元时刻的载波相位观测量为 $[\Phi_1^j(t_i), \Phi_2^j(t_i), \Phi_1^k(t_i), \Phi_2^k(t_i), i = 1, 2]$。

取符号 $\Delta \Phi^j(t)$、$\nabla \Phi_i(t)$、$\delta \Phi_i^j(t)$ 表示在不同接收机、不同卫星和不同观测历元之

间的差分,上标和下标分别表示卫星与接收机,在差分算子中作为不变量,则有:

$$\begin{cases} \Delta\Phi^j(t) = \Phi_2^j(t) - \Phi_1^j(t) \\ \nabla\Phi_i(t) = \Phi_i^k(t) - \Phi_i^j(t) \\ \delta\Phi_i^j(t) = \Phi_i^j(t_2) - \Phi_i^j(t_1) \end{cases} \tag{6.4.8}$$

在式(6.4.8)线性组合的基础上,可进一步导出更多的组合,下面给出几个基本的观测值组合:

(1) 单差(Single Difference,SD)

将两个不同测站上同步观测相同卫星所得的观测量求差,表示为:

$$\Delta\Phi^j(t) = \Phi_2^j(t) - \Phi_1^j(t) \tag{6.4.9}$$

这实际上是站间单差,在差分定位中,这是最基本的线性组合形式。

顾及对流层 T、电离层 I 的折射延迟影响,非差的相位观测值的一般表达式为:

$$\Phi_i^j(t) = \frac{f}{c}\rho_i^j(t) + f[\delta t_1(t) - \delta t^j(t)] - N_i^j(t_0) - \frac{f}{c}[I_i^j(t) - T_i^j(t)] \tag{6.4.10}$$

将式(6.4.10)应用于观测站 T_1 和 T_2,并代入式(6.4.9),可得:

$$\Delta\Phi^j(t) = \frac{f}{c}[\rho_2^j(t) - \rho_1^j(t)] + f[\delta t_2(t) - \delta t_1(t)] - [N_2^j(t_0) - N_1^j(t_0)]$$
$$- \frac{f}{c}[I_2^j(t) - I_1^j(t)] + \frac{f}{c}[T_2^j(t) - T_1^j(t)] \tag{6.4.11}$$

同样的采用差分符号,记:

$$\Delta t(t) = \delta t_2(t) - \delta t_1(t)$$
$$\Delta N^j(t) = N_2^j(t_0) - N_1^j(t_0)$$
$$\Delta I^j(t) = I_2^j(t) - I_1^j(t)$$
$$\Delta T^j(t) = T_2^j(t) - T_1^j(t)$$

则单差观测方程可写为:

$$\Delta\Phi^j(t) = \frac{f}{c}[\rho_2^j(t) - \rho_1^j(t)] + f\Delta t(t) - \Delta N^j(t) - \frac{f}{c}[\Delta I^j(t) - \Delta T^j(t)] \tag{6.4.12}$$

可见,在单差组合中,卫星的钟差已经消除,$\Delta t(t)$ 是两测站接收机的时钟同步误差。

在同一历元,接收机同步误差对所有单差的影响均为常量。

下面分析利用单差观测方程(6.4.12)进行定位解算的情况。如果对流层和电离层对观测值的影响已经根据实测大气资料或利用模型进行了修正,那么在式(6.4.11)和式(6.4.12)中的相应项只是表示修正后的残差对相位观测量的影响。这些残差的影响在组成单差时进一步减弱。当基线较短时,可忽略这种残余的影响,单差观测方程可简化为:

$$\Delta \Phi^j(t) = \frac{f}{c}\left[\rho_2^j(t) - \rho_1^j(t)\right] + f\Delta t(t) - \Delta N^j \tag{6.4.13}$$

若取

$$\Delta L^j(t) = \Delta \Phi^j(t) + \frac{f}{c}\rho_1^j(t) \tag{6.4.14}$$

由于测站 T_1 为参考站,坐标已知,因此式(6.4.14)$\Delta L^j(t)$ 的值已知。则单差观测方程(6.4.13)可改写为:

$$\Delta L^j(t) = \frac{f}{c}\rho_2^j(t) + f\Delta t(t) - \Delta N^j \tag{6.4.15}$$

(2) 双差(Double Difference,DD)

在站间单差的基础上,将同步观测的两颗不同卫星 j、k 的单差求差。双差组合表示为:

$$\nabla \Delta \Phi^{jk}(t) = \Delta \Phi^k(t) - \Delta \Phi^j(t) = \left[(\Phi_2^k(t) - \Phi_1^k(t)) - (\Phi_2^j(t) - \Phi_1^j(t))\right] \tag{6.4.16}$$

将式(6.4.13)代入双差组合方程式(6.4.16)中,在忽略大气折射残差影响的情况下,双差观测方程为

$$\nabla \Delta \Phi^{jk}(t) = \frac{f}{c}\left[\rho_2^k(t) - \rho_2^j(t) - \rho_1^k(t) + \rho_1^j(t)\right] - \nabla \Delta N^{jk} \tag{6.4.17}$$

其中

$$\nabla \Delta N^{jk} = \Delta N^k - \Delta N^j$$

可以看出接收机的钟差影响也已消除,这是双差模型的明显优点。

(3) 三差(Triple Difference,TD)

如果将双差组合在不同历元间求差,即:

$$\delta \nabla \Delta \Phi^{jk}(t) = \nabla \Delta \Phi^{jk}(t_2) - \nabla \Delta \Phi^{jk}(t_1)$$

$$= \left[(\Phi_2^k(t_2) - \Phi_1^k(t_2)) - (\Phi_2^j(t_2) - \Phi_1^j(t_2)) \right]$$

$$- \left[(\Phi_2^k(t_1) - \Phi_1^k(t_1)) - (\Phi_2^j(t_1) - \Phi_1^j(t_1)) \right] \quad (6.4.18)$$

根据三差的定义式(6.4.18),分别在 t_1 和 t_2 两个不同的观测历元,得:

$$\delta \nabla \Delta \Phi^{jk}(t) = \frac{f}{c} \left[\rho_2^k(t_2) - \rho_2^j(t_2) - \rho_1^k(t_2) + \rho_1^j(t_2) \right]$$

$$- \frac{f}{c} \left[\rho_2^k(t_1) - \rho_2^j(t_1) - \rho_1^k(t_1) + \rho_1^j(t_1) \right] \quad (6.4.19)$$

三差模型的主要优点是进一步消除了整周模糊度的影响,但是它使观测方程的数量进一步减少,严重削弱了观测信息,这可能会对未知参数的解算产生不利的影响。因此在实际工作中宜采用双差模型。

2. 动态载波相位差分定位

载波相位观测的动态相对定位存在整周模糊度解算问题,这就使得数据处理工作变得更加复杂化。以载波相位为观测量的高精度实时动态相对定位技术(Real Time Kinematic Positioning, RTK)现已成为精密导航定位的重要研究内容,并取得了重要进展。

载波相位观测动态相对定位的数学模型与静态数据处理模型的最大区别在于流动站的坐标是随时变化的,即:

$$\nabla \Delta L^{jk}(t) = \frac{f}{c} \left[\rho_2^k(t) - \rho_2^j(t) \right] - \nabla \Delta N^{jk} \quad (6.4.20)$$

式中,$\nabla \Delta L^{jk}(t) = \nabla \Delta \Phi^{jk}(t) + \frac{f}{c} \left[\rho_1^k(t) - \rho_1^j(t) \right]$。

只要同步观测的卫星数 $N_s \geqslant 4$ 颗,就可以进行 RTK 定位。通常将参考站上的观测数据发往流动站接收机中进行解算,发送的数据包含参考站的原始观测值和已知坐标。

显然,RTK 的主要缺点为动态观测过程中需保持对所测卫星的连续跟踪。一旦发生失锁,则需重新进行上述初始化工作。为此,近年来许多学者都致力于这一方面的研究和开发工作,并提出了一些比较有效的解决方法。目前,RTK 定位方法的精度可达厘米级(Yang et al, 2014),它主要应用于测量工作和精密导航。依据其数据处理的方式,可分为测后处理和实时处理。测后处理不需要建立观测数据的实时传输系统,因此观测数据必须加以存储,以便在观测工作结束后进行处理。这种数据处理方式,目前主要应用于航空物探、水道测量、航空摄影测量与海洋测绘等领域。

6.4.3　网络RTK

常规单站RTK技术利用短基线测站间误差具有强相关性的特点,解决了小范围内实时精密差分定位问题。但是随着基线长度的增加,测站间误差相关性逐渐降低,导致双差模糊度难以固定。网络RTK技术利用多个参考站对流动站定位区域形成覆盖,通过大气延迟误差建模或内差的方法,向流动站用户提供差分服务,解决了大范围实时精密差分定位问题,因此得到了广泛的应用。

地基增强系统(Ground Based Augmentation System, GBAS)是基于网络RTK技术的重要卫星导航基础设施,是卫星导航系统建设中的一项重要内容,可以极大提高系统服务性能。地基增强系统综合使用了各种不同增强效果的导航增强技术,最终实现了其增强卫星导航服务性能的目的。

北斗地基增强系统是国家重大的信息基础设施,用于提高北斗卫星导航系统增强定位精度和完好性服务,北斗地基增强系统由地面北斗基准站系统、通信网络系统、数据综合处理系统、数据播发系统等组成(中国卫星导航系统管理办公室,2017)。

北斗基准站接收BDS、GPS、GLONASS、Galileo等的卫星观测数据和星历数据等,通过通信网络系统实时传输到国家数据综合处理系统,经过处理后生成北斗基准站观测数据、广域增强数据产品、区域增强数据产品、后处理高精度数据产品等,利用卫星广播、数字广播、移动通信等手段播发至北斗增强用户终端,满足北斗地基增强系统服务范围内增强精度和完好性的需求。

1. 北斗地基增强系统组成

北斗地基增强系统由北斗基准站系统、通信网络系统、国家数据综合处理系统与数据备份系统、行业数据处理系统、区域数据处理系统和位置服务运营平台、数据播发系统、BDS/GNSS增强用户终端等分系统组成,如图6.2所示。

(1) 北斗基准站网

北斗基准站网包括框架网和区域加强密度网两部分。框架网基准站大致均匀地布设在中国陆地和沿海岛礁,满足北斗地基增强系统提供广域实时米级、分米级增强服务以及后处理毫米级高精度服务的组网要求。

区域加强密度网基准站以省、直辖市或自治区为区域单位布设,根据各自的面积、地理环境、人口分布、社会经济发展情况进行覆盖,满足北斗地基增强系统提供区域实时厘米级增强服务、后处理毫米级高精度服务所需的组网要求。

(2) 通信网络系统

通信网络系统包括从框架网和区域加强密度网到国家数据综合处理系统/数据备份系统,从国家数据综合处理系统到行业数据处理系统、北斗综合性能监测评估系统、

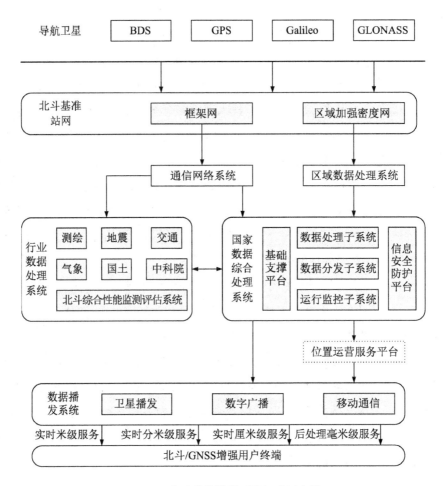

图 6.2 北斗地基增强系统组成示意图

位置服务运营平台、数据播发系统间的通信网络及相关设备，实现数据传输、网络配置与监控等功能。

（3）国家数据综合处理系统

北斗地基增强系统的国家数据综合处理系统负责从北斗基准站网实时接收北斗、GPS、GLONASS 卫星的观测数据流，生成北斗基准站观测数据文件、广域增强数据产品、区域增强数据产品、后处理高精度数据产品等，并推送至行业数据处理系统、位置服务运营平台、数据播发系统。

（4）行业数据处理系统

行业数据处理系统包括交通运输部、国家测绘地理信息局、中国地震局、中国气象局、国土资源部及中国科学院共 6 个行业数据处理子系统以及国家北斗数据处理备份系统。

交通运输部、国家测绘地理信息局、中国地震局、中国气象局、国土资源部及中国科学院共 6 个行业数据处理子系统接收国家数据综合处理系统的北斗基准站观测数据和生成的增强数据产品,针对行业应用特点进行增强数据产品的再处理,形成支持各自行业深度应用的增强数据产品。

北斗地基增强系统的国家数据处理备份系统为北斗地基增强系统基准站网观测数据提供基本的远程数据备份服务,确保当国家数据综合处理系统观测数据丢失或损坏后,能够从远程备份系统进行恢复。

（5）数据播发系统

数据播发系统接收国家数据综合处理系统生成的各类增强数据产品,针对各类数据产品播发需求进行处理和封装,再通过各类播发手段将处理封装后的增强数据产品传输至用户终端,供用户使用。

数据播发系统利用卫星广播、数字广播和移动通信等方式播发增强数据产品。

（6）北斗/GNSS 增强用户终端

北斗/GNSS 增强用户终端用于接收北斗卫星导航系统的导航信号和数据播发系统播发的增强数据产品,实现所需的高精度定位、导航功能。

2. 北斗地基增强系统服务产品

北斗地基增强系统现提供广域增强服务、区域增强服务、后处理高精度服务共三类服务,分别对应广域增强数据产品、区域增强数据产品、后处理高精度数据产品共三类产品。广域增强数据产品、区域增强数据产品通过移动通信方式提供服务,后处理高精度数据产品通过文件下载方式提供服务。

（1）广域增强数据产品

广域增强数据产品包括:北斗/GPS 卫星精密轨道改正、钟差改正数、电离层改正数等。

（2）区域增强数据产品

区域增强数据产品包括:北斗/GPS/GLONASS 区域综合误差改正数。

（3）后处理高精度数据产品

后处理高精度数据产品包括:北斗/GPS 事后处理的精密轨道、精密钟差、EOP、电离层产品等。

3. 北斗地基增强系统服务性能指标

（1）服务范围

① 广域增强精度服务范围为播发范围内中国陆地及领海;

② 区域增强精度服务范围参照区域加强密度网站点分布,以区域服务系统发布的服务范围为准;

③ 后处理高精度服务范围为播发范围内中国陆地及领海。

（2）定位精度

定位精度是指在约束条件下各服务范围内用户使用相应产品后所获得的位置与用户的真实位置之差的统计值，包括水平定位精度和垂直定位精度。

北斗地基增强系统定位精度指标见表6.1～表6.4，若未说明连续观测时间要求，则默认为连续观测24 h后的定位精度指标。

表6.1　北斗广域定位精度指标

产品分类	定位精度（95%）	约束条件
广域增强数据产品	单频伪距定位： 水平≤2 m 垂直≤4 m	有效卫星数>4 PDOP<4
	单频载波相位精密单点定位： 水平≤1.2 m 垂直≤2 m	有效卫星数>4 PDOP<4
	双频载波相位精密单点定位： 水平≤0.5 m 垂直≤1 m	有效卫星数>4 PDOP<4 初始化时间 30～60 min

表6.2　北斗/GPS组合广域定位精度指标

产品分类	定位精度（95%）	约束条件
广域增强数据产品	单频伪距定位： 水平≤2 m 垂直≤3 m	有效卫星数>4 PDOP<4
	单频载波相位精密单点定位： 水平≤1.2 m 垂直≤2 m	有效卫星数>4 PDOP<4
	双频载波相位精密单点定位： 水平≤0.5 m 垂直≤1 m	有效卫星数>4 PDOP<4 初始化时间 30～60 min

表6.3　区域定位精度指标

产品分类	定位精度（RMS）	约束条件
区域增强数据产品	水平≤5 cm 垂直≤10 cm	有效卫星数>4 PDOP<4 初始化时间≤60 s

表 6.4　后处理定位精度指标

产品分类	定位精度(RMS)	约束条件
后处理高精度数据产品	水平$\leqslant 5\text{ mm}+1\times 10^{-6}D$ 垂直$\leqslant 10\text{ mm}+2\times 10^{-6}D$	有效卫星数>4 PDOP<4 连续观测 2 h 以上

注:D 为基线长度,单位:km

参 考 文 献

中国卫星导航系统管理办公室,2017.北斗地基增强系统服务性能规范(1.0 版)[EB/OL](2017-07-25)[2019-04-22]. https:www. beidou. gov. cn/yw/gfgg/201712/t20171225_10936. html.

边少锋,李文魁,2005.卫星导航系统概论[M].北京:电子工业出版社.

黄丁发,张勤,张小红,等,2015.卫星导航定位原理[M].武汉:武汉大学出版社.

刘基余,2008.GPS 卫星导航定位原理与方法[M].2 版.北京:科学出版社.

王阅兵,甘卫军,陈为涛,等,2018.北斗导航系统精密单点定位在地壳运动监测中的应用分析[J].测绘学报,47(01):48-56.

赵琳,丁继成,马雪飞,2011.卫星导航原理及应用[M].西安:西北工业大学出版社.

YANG Yuanxi , LI Jinlong, WANG Aibing, et al, 2014. Preliminary assessment of the navigation and positioning performance of BeiDou regional navigation satellite system[J]. Science China Earth Sciences,57(1):144-152.

REN Xiaodong, CHEN Jun, LI Xingxing, et al, 2019. Performance evaluation of real-time global ionospheric maps provided by different IGS analysis centers[J]. GPS solutions, 23(4):1-17.

思 考 题

1. 什么叫静态定位、动态定位、绝对定位和相对定位?

2. 比较绝对定位和相对定位的优缺点。

3. 什么叫伪距?

4. 简述码相位观测和载波相位观测的基本原理。

5. 什么叫整周模糊数?什么叫整周跳变?如何进行周跳的探测与修复?

6. 什么叫差分定位?

7. 采用相对定位可以有效地削弱哪些误差对 BDS 定位结果的影响?

8. 什么是 RTK?

9. 基准站安置在已知点上与安置在未知点上有什么区别?

第7章
北斗卫星导航系统在地球科学中的应用

7.1　地球参考框架维持

地球及其周围环境是一个不稳定的系统,不仅存在非刚体形变,而且存在整体性旋转和平移,为了准确地表达近地空间物体在系统中的位置,人类一直在探索能够以最接近地球真实形状、大小及其运动规律的方式来规定地球参考系统,它是描述物体在空间中相对位置的基准。在地球参考系统的具体实现中,由于无法直接把椭球体等人为定义的内容在现实世界中标记出来,因此间接采用固定在地球上的一组标记及其坐标表示出来,这组标记就是一个地球参考框架。目前,国际上最完善的地球参考框架是由国际地球自转服务局根据分布全球的地面观测台站,采用甚长基线干涉测量(VLBI)、卫星多普勒定轨定位(DORIS)、卫星激光测距(SLR)、激光测月(LLR)和GNSS等空间大地测量技术,对所有观测数据进行处理,得到地面观测站的站坐标、速度场和地球定位定向参数后得到的国际地球参考框架 ITRF。目前,ITRF 是国际公认的应用最广泛、精度最高的地心坐标参考框架。

由于受章动和极移的影响,ITRF 框架会发生变化,为了保证其与理想参考系尽可能接近,国际地球自转服务局必须对 ITRF 进行持续更新和维护。至今,ITRF 共发展了 13 个版本,分别是 ITRF88、ITRF89、ITRF90、ITRF91、ITRF92、ITRF93、ITRF94、ITRF96、ITRF97、ITRF2000、ITRF2005、ITRF2008 和 ITRF2014。

ITRF88 是 ITRS 的第一次正式实现,可认为是 ITRF 的第一个版本。其原点和尺度由得克萨斯大学空间研究中心 SLR 解算确定,随后又发展了 ITRF89 和 ITRF90。从 ITRF91 到 ITRF93,增加了全球速率场的估计。ITRF94 通过 7 个转换参数的速率实现速率场与 NNR-NUVEL-1A 模型一致。ITRF96 的基准定义,采用 14 个转换参数建立与 ITRF94 之间的关系,ITRF97 采用同样的方法建立与 ITRF96 之间的关系。ITRF2000 除了有 VLBI、LLR、SLR、GPS 和 DORIS 这些主要的地面站参与解算之外,还采用了如阿拉斯加、南极、亚洲、欧洲、南北美洲和太平洋地区的区域性 GPS 网进行加密和改善。ITRF2005 仍由 VLBI、SLR、GPS 和 DORIS 的地面观测站参与解算,但 ITRF2005 基准站的全球分布更为合理。ITRF2008 是对 VLBI、SLR、GPS 和 DORIS 不同年份观测数据重新处理后的精化版本,相比包括 ITRF2005 在内的其他系列,在位置和速度的精度以及原点和尺度的参数定义等方面都有所改善。ITRF2014 仍然是由 VLBI、SLR、GPS 和 DORIS 四种空间大地测量技术建立和维持的,在数据处理时不仅增加了观测站的数量以及上述 4 种技术 6 年的观测数据,还首次考虑了由大气造成的非潮汐负载效应,因此模型更加精确和稳定,是目前最新一代的地球参考框架。

我国于 2008 年 7 月 1 日启用了基于 ITRF97 参考框架基准的 2000 中国大地坐标系(CGCS2000),该系统属于地心大地坐标系,参考框架历元为 2000.0,坐标框架的主体由 28 个 GPS 基准站和 2 542 个卫星大地控制点组成(施闯 等,2017),该坐标系代替 1980 西安坐标系和 1954 北京坐标系,成为中国法定的坐标系。随着我国独立自主的 BDS 系统的组网完成,利用北斗观测技术建立中国动态的地球参考框架势在必行,但建立新一代高精度、动态的地心参考框架必须符合国际地球自转服务局的统一定义:

① 坐标原点是地心,它是整个地球(包含海洋和大气)的质量中心;

② 长度单位是米,这一比例尺和地心局部框架的 TCG 时间坐标保持一致,符合 IAU 和 IUGG 的 1991 年决议,由相应的相对论模型得到;

③ 其方向初始值是由国际时间局给出的 1984.0 方向;

④ 在相对于整个地球水平板块运动无净旋转条件下,确定方向的时变。

建立基于北斗的地球参考框架可采用上述 ITRF 定义,并利用国际地球自转与参考系统服务组织提供的常数和模型,通过 VLBI、SLR、LLR、DORIS 和 BDS 等观测技术来实现。这样建立的地球参考框架既符合国际上地球参考框架的统一定义,又便于建立起与 CGCS2000 以及其他地球参考框架之间的联系。建立基于 BDS 的中国地球参考框架的概要流程如图 7.1 所示。

为建立一个动态的参考框架,BDS、VLBI 和 SLR 站应具备连续观测能力。各主要技术需要建立分析中心,收集并处理各自原始观测数据,并将处理结果存档;此外还需建立组合处理中心,负责参考框架的实现。组合处理中心首先对各个分析中心提交的周解文件进行组合,得到各技术的长期解;然后加入局部联系,组合各技术的长期解,得到我国地球参考框架。作为顶层框架,ITRF 框架可以提供最精确、可靠的基准定义,我国参考框架建成之后,应定期与 ITRF 联测,以精化我国的地球参考框架。

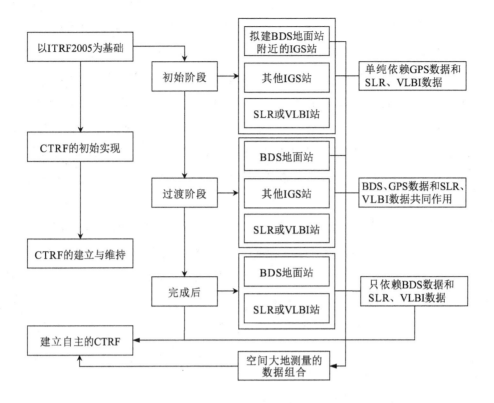

图 7.1 基于 BDS 的中国地球参考框架建立的流程

7.2 国民基础设施建设

7.2.1 大坝监测

截至 2017 年,全国已建成各类水库 98 795 座,其中大型水库 732 座,中型水库 3 934 座,大中型水库的库容占全部总库容的 92.2%(中华人民共和国水利部,2018)。这些工程在防洪、发电、灌溉、供水和航运等方面发挥了巨大作用,是我国国民经济的重要基础设施。水库的修建带来了众多大坝,截至 2007 年底,我国 30 m 以上的已建和在建大坝共有 5 191 座(贾金生 等,2010),大坝能否安全运行不仅影响工程效益的充分发挥,还将直接关系到下游和两岸人民的生命财产安全。大量工程实践表明,对大坝进行全面的监测与监控,是保证工程安全运行的重要措施之一。

大坝安全监测的主要内容包括变形、渗流、应力应变、温度和环境量监测等。变形监测可以直观地反映大坝的运行性态,通过变形监测值的异常可以得到反映大坝异常的性态,在许多失事工程事前的变形资料中都可以找到前兆反应,因此变形监测已经成为大坝安全监测的重要监测项目之一。我国的大坝变形监测大致经历了三个阶段,

分别是 20 世纪 50 年代以前的以引张线法、视准线法等为主的人工变形监测阶段,70
年代开始的以激光和全站仪等为主的自动化变形监测阶段,以及 90 年代开始的 GNSS
自动化变形监测阶段。常规监测方法应用于大坝监测,存在成本高、实时性差、观测条
件恶劣、水雾化影响严重等问题,将 GNSS 应用于大坝位移监测,可以解决其他监测手
段所不能解决的难题,在大坝变形监测领域得到了广泛应用和普及。

　　早期的大坝变形监测系统多是基于 GPS 实现的,如清江隔河岩大坝外观变形
GPS 连续监测系统,是国内最早将 GPS 技术应用到大坝变形监测领域的工程实例。
系统由 2 个基准点和 5 个变形监测点构成,水平和垂直方向的监测精度均达到了毫米
级,开创了利用 GPS 监测大坝外观变形的先河。随后,诸多大坝陆续建立了基于 GPS
技术的变形监测系统,为大坝的安全运行提供了全天候、全天时的高精度监测手段。
但由于大坝多位于深山峡谷,两侧岸坡陡峭,部分区域 GPS 信号遮挡严重,导致不能
定位或者定位精度较差。随着中国北斗三号系统的逐渐建成,BDS 卫星在亚太地域具
有良好的几何覆盖,能够弥补 GPS 可视卫星分布不均匀的缺点,使得 BDS+GPS 融合
的变形监测方案在大坝监测中具有较大的优势。(见图 7.2)

图 7.2　水库大坝安全监测系统

7.2.2　边坡监测

　　我国是一个地域面积广阔且自然灾害多发的国家,各类自然灾害如山体滑坡、洪
涝、风暴、冰雪、地震等,给我国的人民生命财产和经济发展造成了巨大的损失。其中

边坡失稳滑塌是目前全世界范围内危害性最为严重的地质灾害之一,威胁到国家财产和人民的生命安全。边坡稳定问题是目前工程建设中经常遇到的问题,例如水库边坡、建筑边坡、公路或铁路的路壁边坡等,都涉及稳定性问题。如何应对各种自然灾害,以提高全社会的灾害防治能力,最大限度地降低灾害损失是我们面临的一项紧迫任务。

20 世纪 80 年代以来,尤其进入 90 年代以后,作为一种全新的现代空间定位技术,GNSS 变形监测方法较常规大地测量方法具有测站间无需保持通视,对边长无过高要求等优点,使得 GNSS 监测网的布设更为自由;GNSS 观测不受气候条件限制,全天候的观测能力大大提高了作业效率;变形监测系统可方便地实现数据采集、传输、处理、分析、报警到入库的实时自动化,确保了成果的可靠性;能够同时获得三维变形,有利于平面和高程整体变形分析。上述优势使得 GNSS 变形监测手段已成为当今国内外最先进的变形监测手段之一。利用以 BDS 为主的 GNSS 系统进行边坡监测,对我国灾害防治水平的提升有着重大而深远的影响,它在灾害中的应用优势体现在以下两方面:

① 受环境制约小。地震、洪水、冰雪等大型自然灾害发生时的共同特点是都对交通(公路、铁路、桥梁)、电力、通信广播、水利等社会基础设施造成严重的损毁,致使受灾地区对外通信、交通、电力中断。由于北斗卫星导航系统具有全疆域无缝覆盖不受地面灾害和环境条件的限制等优点,所以在灾害发生的特殊时期可以为抗灾救灾发挥不可替代的作用。

② 同时具备定位与通信功能。北斗卫星导航系统同时具备定位与通信功能,不需要其他通信系统的支持。北斗卫星导航系统可以进行短报文通信,中国及周边地区用户的单次短报文长度可达 1 000 个汉字,全球用户的单次短报文通信能力为 40 个汉字。指挥中心可随时了解持有北斗终端的各小组位置,并可通过短报文进行双向通信,从而随时了解灾情的发展。

利用 GNSS 技术进行边坡变形监测,一般包括以下内容(见图 7.3):

1. 数据采集

数据采集部分主要完成边坡上各监测点 GNSS 数据的采集和存储。边坡监测的 GNSS 基线较短,精度要求较高,因此需在监测点埋设具有强制对中设备的观测墩。GNSS 监测点上全自动不间断连续观测、实时传输数据。GNSS 监测系统长期工作在野外,不间断供电系统对于保持系统连续稳定运行显得尤为重要。可根据实地情况,条件允许时,供电由市电提供,通过现场控制器内配套的电源模块保证系统所需要的各种电压。每个实时监测点上安装太阳能电池板对蓄电池充电,同时配备不间断电源设备,保证市电中断时的电源供应。为防备电源断电引起的数据丢失,还需设计有电源供电检测系统,当检测到电源电压不足时,数据发送控制器会自动将数据保存。

2. 数据传输

数据传输部分的任务是将采集到的边坡原始监测数据传输到监控中心,它是实现边坡自动化安全监测、无人值守的关键部分。可根据实地情况,选择有线(光纤、局域网)或无线(无线网桥、4G 和 5G)的数据传输方式。当受外界因素影响无法进行数据传输时,监测点上会自动在本地存储观测数据以避免数据丢失。

3. 数据处理

数据处理一般包括数据接收和数据解算两大部分,以控制中心为载体实现数据接收、数据存储、数据解算、成果入库、形变分析等功能。控制中心是以计算机网络为核心建立统一管理的局域网,设有数据接收工作站、数据处理工作站、数据存储工作站及显示终端。中心服务器具备文件服务器、数据库服务器和网络服务器多种功能,在局域网内可以实现办公自动化和信息共享。控制中心具有两方面的职能:一方面,实时接收数据发送端传输来的数据,检校数据准确性并监视数据采集仪器和接收设备的工作状态;另一方面,负责数据解算、成果入库、形变分析等。控制中心周期性地对系统当前状态做出测试及判断,并针对各种情况做出相应处理,保证系统正常稳定运行。

4. 分析管理

分析管理模块一般包括系统数据库管理、变形分析和成果显示功能,主要通过一套专用的边坡安全监测软件包,实现监测数据自动录入、数据查询、变形分析、结果显示、图形绘制和报表打印等功能。

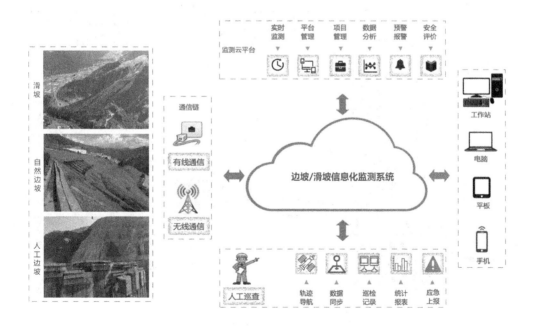

图 7.3　边坡、滑坡信息化监测系统

7.2.3 桥梁监测

中国是桥梁大国,公路桥梁数量已超过 80 万座,铁路桥梁数量超过 20 万座,高铁桥梁累积长度超过 1 万公里。杭州湾跨海大桥和港珠澳跨海大桥等大跨度和超大跨度桥梁的建成让世界为之瞩目。大型桥梁自身的复杂性及重要性,引起了人们对桥梁安全的重视;桥梁运营期,长期受到雨雪、风力、温度、车辆荷载等因素影响而产生变形与振动,一旦超过安全限度,将对桥梁整体结构产生影响,甚至引发灾难。因此,为了掌握桥梁变形现状及规律,保证桥梁安全健康的运营,避免灾难性事故的发生,必须对桥梁变形进行有效的监测。

大型桥梁的变形观测应实施全天时和全天候的监测,这就要求监测系统能够长期、实时采集数据并进行解算,传统的监测方法难以实现,这就促使桥梁监测必须采用现代化和自动化的监测手段。GNSS 具有精度高、自动化程度高以及全天时、全天候工作的特点,随着 GNSS 接收机软硬件的不断发展,特别是高采样率 GNSS 接收机的出现,它在桥梁监测方面体现了极大的优势。GNSS 最初多用于桥梁建设阶段的平面控制,算法上一般采用静态相对定位,该方法自 20 世纪 90 年代应用于桥梁的平面控制测量,现如今被广泛应用于各种桥梁工程的平面控制测量中,尤其近几年在特大

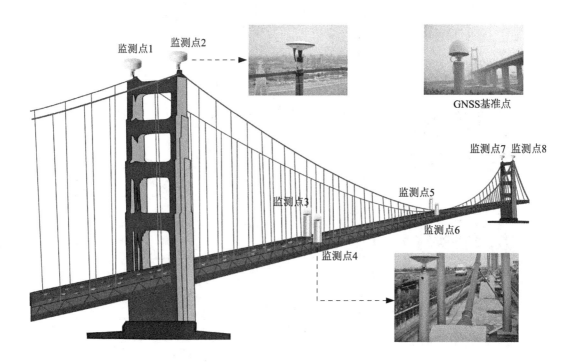

图 7.4 某大桥北斗变形监测系统

型跨海桥梁工程施工测量中发挥了重要作用,成功地解决了传统测量技术无法完成的长距离施工测量精确定位难题(吴迪军,2006)。随着高采样率 GNSS 产品以及相关数据处理技术的发展,如今使得利用 GNSS 获取桥梁短周期、瞬时运动变化成为可能,出现了许多利用高频 GNSS 获取桥梁瞬时振动和变形的应用及研究。Lovse 等(1995)首次将 GNSS 技术应用于 160 m 高的加拿大卡尔加里塔风致振动响应,获取了风荷载作用下的塔顶振幅及基频,该应用激发了对 GNSS 动态监测技术的研究,随后中国、美国、英国以及澳大利亚等国也利用 GNSS 进行了桥梁变形监测相关的应用,这时候的试验及应用多集中在悬索桥以及斜拉桥等柔性桥梁上,对精度的要求通常较低。后来,随着数据处理技术的提高,GNSS 也开始应用于梁式桥及钢结构桥等变形量较小的刚性桥,拓展了 GNSS 在桥梁监测上的应用广度。

7.3　气　象　监　测

北斗/GNSS 气象学是卫星导航和气象学的交叉学科,目前该领域相关技术发展已较为成熟,已经实现大范围应用。广义的北斗气象监测指对流层大气水汽监测、电离层电子含量监测、数据传输及整合、相关监测结果分析及应用等;狭义的北斗气象监测一般单指对流层大气水汽监测及其相关气象应用,而不包括电离层电子含量监测。

我国幅员辽阔,自然条件复杂,是世界上自然灾害最严重的国家之一。在各类自然灾害中,气象灾害占 70% 以上。面对频繁发生的气象灾害,需要更及时的基础数据的支持,以提供更加准确的气象预警预报。同时,随着我国气象台网建设范围的扩大、监测密度和监测精度的提高,对气象监测数据传输的时效性、稳定性和可靠性提出了更高的要求。对于上述的两个需求,北斗都可有所作为。

7.3.1　气象参数反演

在北斗气象服务中,最重要的服务是气象参数反演。GNSS 信号在传播过程中,受到大气中不同介质的折射作用,会发生信号弯曲或者信号延迟现象,在定位中造成两个误差源:对流层延迟和电离层延迟。依据 GNSS 对流层遥感和电离层遥感技术,可以利用这两类延迟进行 GNSS 大气水汽反演和 GNSS 电离层电子含量反演。大气水汽反演主要是根据定位过程中解算获得的附加参数——对流层延迟误差,二者之间通过一个转化系数,便可完成转换,从而得到大气水汽含量值。电离层折射表现为色散效应,因此双频接收机能较好改正电离层折射延迟,并可用双频观测值建立电子含量模型。

大气水汽基本集中在对流层中,虽然含量较少,但是却是大气的重要组成元素,也是天气变化及气候特征的重要影响因子。水汽作为大气中唯一能进行相变的元素,在相变过程中,释放或者吸收能量,影响着地表和大气温度。同时,水汽作为水循环的重要元素,是液态水和气态水之间相互循环的重要纽带,水汽可在云、雾、雨、雪、霜、露等各种形态中进行转变,是各种天气过程中的重要角色。因此,大气水汽的准确监测对于水循环分析、气象预报、气候分析和灾害监测具有重要意义。

　　电离层电子含量,是一个非常重要的电离层参量,对电离层物理的理论研究及电离层电波传播的应用研究均具有十分重要的意义。理论上,电离层电子含量的空间分布及时间变化,反映了电离层的主要特性,因此通过探测与分析电离层电子含量,可以研究电离层不同时空尺度的分布与变化特性,如电离层扰动,电离层的周日、逐日变化,电离层年度变化,以及电离层的长期变化等。应用中,电离层的电子含量穿透电离层传播的无线电波时间延迟与相位延迟密切相关,因此可用于在卫星定位、导航等空间应用工程中的电波传播修正。

　　目前,北斗/GNSS气象监测服务已经实现了产业化应用。例如,自北斗地基增强系统于2014年9月启动研制建设,由中国气象局气象探测中心负责的基于此系统的

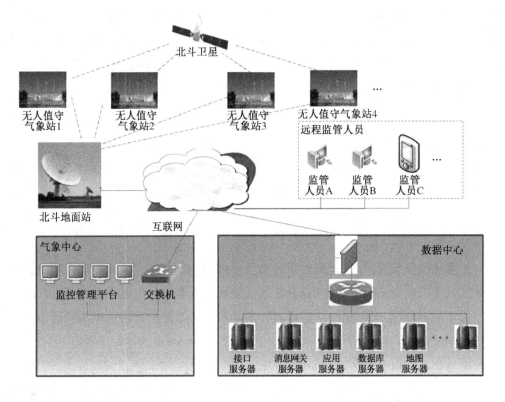

图7.5　北斗/GNSS气象服务监管平台示意图
(http://www.rochern.com/Product/1825431243.html)

气象服务系统也在同步建设中。中国气象局气象探测中心已完成了 35 个框架网基准站、1 个行业数据应用中心、88 个区域加密站的建设,负责台站和行业数据中心的运行维护,负责全国北斗水汽和电离层的监测。经验证,该系统提供的水汽变化误差不超过 3 mm,电离层监测误差不超过 10TECU,系统服务能力达到国外同类系统技术水平。

7.3.2　气象数据传输

利用北斗的短报文通信方式,可将采集的气象信息自动回传到数据处理中心。所谓的短报文是指卫星定位终端和北斗卫星或北斗地面服务站之前能够直接通过卫星信号进行双向的信息传递,GPS 只能单向传递(终端从卫星接收位置信号)。短报文通信是北斗卫星导航系统的一大特色,即可为用户机与用户机、用户机与地面中心站之间提供短报文通信服务。每个用户机都有唯一的一个 ID 号,并采用 1 户 1 密的加密方式,通信均需要经过地面中心站转发。

目前,基于北斗的气象预警信息系统正在各地气象部门投入建设,此类的多数系统正是利用了北斗卫星导航系统特有的短报文通信功能,以解决常规通信手段发布的气象预警信息难以覆盖偏远地区的问题,增强偏远地区公众防灾减灾能力。

北斗短报文通信具有“全天候、无盲区”、不受移动通信链路影响等特点,是北斗系统独有。在发生暴雨、山洪等自然灾害时,地面有线、无线通信链路易发生中断,利用北斗短报文通信,在其他地面信号中断时仍可有效保障气象观测数据传输,为气象防灾减灾提供可靠保障。例如,安阳市气象局在区域气象观测站加装北斗设备在“7·19 特大暴雨”造成地面通信链路中断的情况下,实现北斗短报文传输。目前,安阳市已投入并使用基于北斗的区域气象观测项目,该项目将提高气象观测站的数据通信可靠性,保障气象数据持续、稳定、及时传输,提高预报的时效和精度,为山洪旱涝等灾害防治、预报预警提供更加准确的数据。

7.3.3　气象智能化

北斗卫星导航系统在气象领域的应用趋势是基于北斗的气象智能化。所有气象观测台站都可以将气象观测传感器与北斗终端集成,生成时间、空间基准一致的动态气象信息,为大范围的数字气象产品生成提供时空基准(见图 7.6)。

2019 年 1 月 21 日,西安市印发《关于推进更高水平气象现代化建设的实施意见》,提出利用北斗等高新技术提升西安气象现代化建设水平,并依托西安智慧城市建设,大力推进气象信息化建设,支持西安气象大数据应用中心建设,提高气象在智慧城市

图 7.6　气象站北斗通信

(http://www.cnhyc.com/showxmjjfa.asp? id＝592)

建设中的参与度。提升气象信息传输与分发智能化水平,采用北斗短报文通信、互联网等方式、技术实现气象监测资料 10 min 内到数据库、气象预报预警信息 10 min 内到用户。充分发挥气象"趋利"和"避害"的独特作用,健全气象灾害预警信息发布网络,提高山区、贫困地区应对暴雨洪涝、山洪地质灾害等应急避险、防灾减灾救灾能力。

7.4　地表环境监测

　　GNSS 在地表环境监测中的应用主要是基于一种 GNSS－R(Global Navigation Satellite System-Reflectometry)技术,是一种利用 GNSS 反射信号进行反射面特性遥感的技术。根据接收机载体的不同,GNSS－R 技术又分为地基 GNSS－R(根据安置在地面上的 GNSS 接收机反射信号进行遥感的技术)、机载 GNSS－R(根据安置在飞机等飞行器上的 GNSS 接收机反射信号进行遥感的技术)和星载 GNSS－R(根据安置在卫星或航天器上的 GNSS 接收机反射信号进行遥感的技术)三大类。地基 GNSS－R 技术基于传统大地测量型接收机或者特制双天线接收机(一副天线朝向天顶方向接收直接信号,另一副朝下接收反射信号),机载或星载 GNSS－R 技术则需要基于特制双天线接收机。利用 GNSS－R 技术可以监测获得海面高度、海面风场、海水盐度、土壤湿度、积雪参数、冰川厚度等一系列地表环境参数,可为生态环境监测、水资源监控、水循环分析、气候分析、气象灾害预警等提供服务。

　　GNSS－R 技术的核心是对于接收信号的分析,需要分析的信息包括直射信号和反射信号之间的干涉信息、经物体表面反射和散射后的信息,以及直射信号和反射信号间的时间差。对于地基的传统大地测量型接收机,GNSS 接收机接收到的信号为直射信号和反射信号的叠加信号。这类干涉信息可表现在观测文件的信噪比数据、多路径数据或者不同观测值之间的组合中。不同的反射面会产生不同特性的反射信号,从而导致不同的干涉信号;通过分析观测文件中的干涉信息,即可获得反射面特性。特制双天线接收机的向上天线会接收到直射信号,向下天线可捕获经物体表面反射和散射后的叠加信号,一般用延迟多普勒图表示。不同的反射面会产生不同特性的反射信号和漫射信号,从而导致不同的延迟多普勒图;通过分析延迟多普勒图,即可获得反射面特性。

　　GNSS－R 技术始于 20 世纪 80 年代后期,1988 年,Hall 和 Cordey 讨论了使用地球表面反射的 GNSS 信号进行散射测量的想法(Hall and Cordey,1988)。1993 年,Martin-Neira 提出可以利用 GNSS 信号进行海洋高度测量(Martin-Neira,1998)。此后,在美国和欧洲,进行了多次 GNSS 机载试验及基于双天线接收机的地基试验,试验的结果显示了 GNSS－R 技术具备监测海面高度、海面风场、海水盐度、土壤湿度的能力(Garrison et al,1998;Egido et al,2014;Small et al,2016)。第一次的星基GNSS－R测量是在 2004 年英国灾害监测星座(UK-DMC)任务期间进行的,在 UK-DMC 卫星上搭载 GNSS－R 仪器,观测到了数十次 GPS 反射,证明了这种技术在卫星轨道高度上进行全球海洋、陆地和冰探测的可行性(Gleason et al,2005)。随后,该技术进入正式启动阶段：英国于 2014 年 7 月在 TechDemoSat-1 卫星上搭载 GNSS-R 仪器；NASA 在 2012 年启动八颗卫星 Cyclone GNSS (CYGNSS)任务，用于中低纬度地区的海面信息及地面信息监测。除此以外，欧洲的 3Cat-2 和 GEROS 星载 GNSS-R 任务正处在计划中，并已完成了相应验证。比星载 GNSS-R 技术起步稍晚的是基于传统大地测量型接收机的地基 GNSS-R 技术。2013 年，Larson 等人首次利用传统大地测量学 GNSS 接收机捕获到的反射信号进行土壤湿度监测、积雪监测和潮位监测，证实了地基 GNSS 接收机可以用于地表环境监测(Larson et al，2008；2009；2013)。

GNSS-R 技术使用无源信号，降低了遥感系统的复杂度、体积和成本。百余颗在轨卫星播发的大量信号源能够实现全天候无间断全球覆盖，有利于实现低成本、大范围高时空分辨率数据采集与目标反演，填补了现有观测手段在中尺度分辨率上的空白。

7.4.1 海面潮位监测

海洋中的水位称为潮位，它在潮汐等的影响下，呈现周期性涨落。潮位的准确监测，对于全球高程基准的统一和维持、海洋监测、海洋环流分析和气候分析都具有十分重要的意义。特别是随着全球气候变暖，冰川融化和海水热膨胀导致海平面上涨，潮位监测就变得更加必要。此外，潮位监测对船舶行业、海上作战、海洋和海岸工程等军工行业也非常关键。

传统的潮位监测手段是验潮站监测，验潮站通过验潮仪或者水尺记录潮位。但是，由于地壳运动的作用，验潮站记录下的验潮数据中包含了地壳运动的影响。另一种常用的潮位监测手段是 20 世纪 70 年代末发展而来的卫星测高方法。卫星测高方法能够以较高的精度大范围监测潮位的绝对变化，很好地补充了验潮站在远海地区监测不足的缺点，对于大尺度海洋变化有其不可代替的优势。但是卫星测高方法在近海区域受海岸影响，潮位监测的精度较低。同时，卫星测高的观测周期由卫星的运动轨道决定，难以实现高时间分辨率的潮位监测。

除了前文介绍的可以利用机载或星载 GNSS-R 进行潮位监测以外，地基 GNSS-R 潮位监测也开展得如火如荼。2013 年，Larson 等人首次利用传统大地测量学 GNSS 接收机捕获到的海面反射信号进行潮位监测，证实了地基 GNSS 接收机可以用来监测潮位(Larson et al，2013)。此后，金双根等人在 2017 年首次利用北斗数据进行了地基 GNSS-R 潮位反演工作，证实了北斗信号也具有监测潮位的能力(Jin et al，2017)。王笑蕾等人利用鲁棒估计方法对地基 GNSS-R 潮位反演序列进行质量控制，将潮位监测精度控制在厘米级/分米级(Wang et al，2019)。图 7.7 为用于地基 GNSS-R 潮位监测的站点图。

图 7.7　用于地基 GNSS‐R 潮位监测的站点图

　　星载、地基和机载 GNSS‐R 潮位监测技术各有优势。星载 GNSS‐R 比起传统的单基雷达测高方式,具有质量小、造价低、无需大型天线和高功率供电的优势,通过布设小型 GNSS‐R 卫星星座,可以实现重返周期短、全球覆盖、大范围的潮位监测性能。机载 GNSS‐R 可针对特定的监测区域进行精密监测。地基 GNSS‐R 只基于临海的传统大地测量型接收机,便可实现对潮位的全自动、全天候、高时间分辨率的监测,而且监测结果非常容易被固定在稳定的框架下。该技术可以补充传统验潮站的站点个数。

7.4.2　海面风场监测

　　海面风会引起风暴、旋风暴风雨和大雨等恶劣天气;海面风场的准确监测,对确保沿海地区人民群众的生命和财产安全十分重要。常规的海面风场是利用微波遥感技术进行监测的。微波遥感工作频率为 C,X 和 Ku 波段,而 GNSS L 波段信号波长为十几到二十几厘米,由于其波长相对较长,对雨和云具有不敏感性,即空间路径传播媒质对它的影响较小,可以进行全天候测量。

　　1998 年,Garrison 和 Katzberg 进行了 GNSS‐R 机载试验,试验证明了 GNSS 信号反射可以感知海洋表面粗糙度和海面风场(Garrison et al,1998;Lin et al,1999)。在第一次实地试验后不久,在美国和欧洲又进行了多次海面风场测量的 GNSS 机载试验(Komjathy et al,2000;Armatys,2001;Garrison et al,2002;Komjathy et al,2004)。在大量的机载试验后,NASA 开展了 CYGNSS 任务,其卫星星座包括八颗位于 35°倾斜赤道轨道的卫星,它的主要任务是研究热带气旋中的海风和海浪。为满足任务目标,海面风速的反演不确定度要求控制在 2 m/s 或 10%(以较大者为准),空间分辨率为 25 km×25 km。目前,CYGNSS 的各级风场产品发布在网站 http://clasp-research. engin. umich. edu/missions/cygnss/中。

7.4.3 积雪监测

积雪是地球上重要的淡水资源,是近地表水环境中年际变化和季节变化最显著的组成部分。积雪是各种气候变化的反馈者和指示器,它对温度变化敏感,其参数变化可以反映气候在不同时间和空间尺度的变化。同时,积雪具有保温蓄水的作用,对农业生产意义重大。而异常的积雪现象会引起气旋路径偏移,因此,积雪监测对于气候变化分析、水循环水资源监控、农业生产等社会经济产业和生态环境维持等都具有重要的意义。

传统的积雪监测方法是利用气象站点进行监测,对气象站点记录的积雪天数和雪深值进行空间插值,即可得到积雪的时间序列变化以及空间分布特征。其优点是有长期累积的历史数据,数据的准确性和完整性较好。但是气象站点分布不均匀,使得获取的数据资料较为离散;同时,气象站点间难以实现时间同步,因而也无法及时、全面、准确地反映积雪的分布情况。另一种常用方法是利用激光传感器进行雪深监测,该方法也是定点式监测方式,虽然该方法可以节省人力,但是造价昂贵。利用可见光近红外卫星遥感方法也可以获取到积雪信息,它解决了传统观测资料时空连续性差的问题,并且具有较高的空间分辨率。但是,在存在云层或者植被覆盖的情况下,可见光或者近红外信息受损严重,传感器会对积雪覆盖范围和数量产生误判。此外,可见光近红外卫星遥感方法主要是对积雪覆盖范围的监测,并不能监测积雪厚度。利用微波遥感也可以监测积雪厚度、雪水当量等积雪信息,它可以避免云层的影响,另外,被动微波遥感具有较高的时间分辨率。但是,微波遥感空间分辨率较低(约 25 km),不能进行小尺度积雪探测。

目前,积雪参数多是使用地基 GNSS-R 技术进行监测;地基 GNSS-R 技术已经被证实可以监测雪深、雪水当量、雪密度等相关积雪参数(见图 7.8)。美国成立专门的水循环研究小组 PBO H$_2$O 组,利用分布于美国的 150 多个 GNSS 大地测量站,进行了积雪的监测和分析工作。地基 GNSS-R 积雪参数监测技术,可以实现高时间分辨率、全天候、实时自动化的积雪参数监测,补充了积雪监测站点个数,改善了气象站点监测中的时空分辨率问题;同时,地基 GNSS-R 积雪监测技术可以改善遥感监测技术中的时间分辨率问题和在某些特殊情况下的精度问题。地基 GNSS-R 积雪参数反演技术弥补了常规仪器监测和雷达微波遥感监测时空分辨率不足的缺点,有利于更精确有效地进行积雪监测及水资源分析。

图 7.8　用于地基 GNSS – R 积雪监测的站点图

7.4.4　土壤湿度监测

土壤湿度是构成水循环的重要组成部分,对从地面到大气的潜热流通有很大影响。在大尺度上,这些流通影响天气模式;在小尺度上,土壤湿度对植物的生长至关重要。此外,土壤湿度还会影响干旱和洪涝。土壤湿度(也称土壤含水率,Soil Moisture Content,SMC)的常规测量方法有原位测量和遥感测量两大类。

原位测量中常用的有质量/体积采样方法和电磁探测方法。质量/体积采样利用一个已知体积的土壤在烘干前后的质量损失来确定土壤含水率。质量/体积采样方法费时,且对现场具有破坏性,需要进入现场进行测量。同时,在土壤坚硬的地方,结果并不可靠。电磁探测方法使用不同类型的电磁探头监测土壤湿度。时域反射计(Time Domain Reflectometry,TDR)探头的工作原理是测量电磁波在土壤中的探针棒之间传播时间,再利用这个传播时间探测土壤湿度。频域反射计(Frequency Domain Reflectometry,FDR)探头的构造与 TDR 探头类似,但它测量的是发射信号频率的变化,再根据频率变化进行土壤湿度监测。电磁探头的探测结果需要根据土壤类型进行校准,以获得准确的结果。质量/体积采样方法和电磁方法都只能估算较小区域(小于 1 m³)的土壤湿度。

遥感测量中经常用到的是雷达和辐射计遥感技术。雷达遥感也称主动遥感,包括使用天线向指定频率的土壤表面传输信号,并通过接收天线测量反射信号的变化进行土壤湿度监测。如果接收天线与发射天线相同,则认为是单基雷达;如果接收天线与发射天线不同,则认为是双基雷达。辐射计遥感不同于雷达遥感,它们被动地从土壤中收集自然发射的微波辐射,从而估计土壤湿度变化。但是由于卫星飞行周期的问题,遥感测量方法的时间分辨率较低。上述常用的土壤监测手段都有其缺点:质量/体积采样方法耗时长、具有破坏性、需在现场进行,且质量/体积采样方法和电磁探测方法测量的土壤体积较小;遥感方法的时间采样间隔较长,数据时间分辨率较低。

为了监测全球的土壤湿度变化,欧空局和美国宇航局都先后开展了相应的卫星遥感任务。2009 年 11 月,欧空局成功发射了探测土壤湿度以及海水盐度的 SMOS 卫星,卫星向地球表面发射 L 波段信号,可以提供 50 km 左右分辨率的土壤湿度观测值。美国宇航局于 2015 年 1 月成功发射 SMAP 卫星,它能够提供 10 km 左右分辨率的土壤湿度观测值。地基土壤湿度的观测也在逐步建设实施过程。利用地基 GNSS - R 技术监测土壤湿度具有全天候、实时性、无需标定等优点,但是由于其观测范围小、基于现有原理下的监测精度不高等问题,其效果仍受到一定限制。

7.5　典型应用案例——边坡变形监测

7.5.1　研究区概况

瀑布沟水电站位于四川省大渡河中游,是一个以发电为主,兼有拦沙、防洪等效益的大型水电工程。坝址位于雅安市觉托村附近,与成都距离约 230 km,距汉源县城约 32 km。电站水库为河道型水库,位于雅安市大渡河的下游段,正常蓄水位 850.00 m,坝前最大壅水高度 173 m,干流回水长 72 km;水库面积 84.14 km²,平均宽度 1.1 km,最大宽度 2.8 km。

瀑布沟水库淹没影响区主要集中在石棉县和汉源县,其中汉源县所占比重最大,影响该县人口为 86 803 人,耕地面积 51 340 亩,园地面积 1 346 亩,林地面积 5 017 亩,房屋面积 456.51 万 m²。受水库淹没影响,汉源县城整体搬迁到流沙河与大渡河所围限的宽缓斜坡上,该斜坡走向北偏西 40°,东起河口,北、西至无名沟,长约 6.5 km,宽 1.5～1.9 km。地形上总体呈北西高南东低,起伏不大,地面高程 840～1 115 m,最大相对高差 375 m。大渡河一侧坡度较陡,平均坡度为 40°～50°,最陡段坡度达到 60°;流沙河一侧坡度相对平缓,坡度一般为 10°～25°,面积约 8.86 km²。图 7.9 为该水库岸边坡全貌。

边坡分为东、中、西三个区域,东区稳定性较好,中区为采空区,西区稳定性差。2008 年 3 月,该边坡西北端开始施工。6 月底,发现西北端场地 M 地块和 N 地块有长数米至数十米,宽数厘米至数十厘米的拉裂缝分布,随后又在乱石岗区域、康家坪区域、富塘区域发现古滑坡体,分布高程大约在 850～1 060 m 范围内。其中,乱石岗滑坡

图 7.9　水库岸边坡全貌

位于无名沟和松林沟之间,分布高程约 860~998 m,滑坡体平面最大宽约 800~1 000 m,最长约 1 000 m,滑坡体厚度 8~20 m。整个滑坡体地形坡度 10°~15°,前缘一带较缓,中部高程 930 m 处形成一宽约 60 m 的平台,后缘形成陡壁。富塘滑坡位于 N-1、N-2 地块龙滩沟右侧,属中型滑坡,也是顺砂泥岩内软弱结构面发育的基岩滑坡,目前滑坡体大部分物质已经滑走,仅在滑坡后缘分布有 2~3 m 的残留物。康家坪古滑坡分布于石板沟和松林沟之间,左侧以松林沟后缘为界,右侧以石板沟为界,平面面积约 0.142 km², 一般厚 20~35 m,方量约 28×10⁶ m³,为一大型顺层基岩滑坡。

　　上述滑坡自形成后,在相当长的一段时间内处于稳定状态,滑体在后期充填物固结密实的过程中,整体性和稳定性得到了进一步的提高。整体施工前,尚未发现有新的整体变形破坏迹象,仅存在局部表层土滑塌现象,古滑坡仍处于相对稳定状态。但由于施工需要,滑坡体上修建的多条公路将不可避免对滑坡体带来人为扰动,施工土堆积、农业生产活动和居民生活也影响滑坡的稳定性。瀑布沟水电站蓄水后,库区水位抬升较高,水将逐渐侵蚀并渗入边坡岩缝,巨大的水荷载也会动摇边坡岩体岩床的基础。在人为因素和自然因素的双重作用下,边坡的稳定性将面临重大考验。

7.5.2　GNSS 变形监测系统设计与实现

1. 监测系统总体设计

　　边坡变形监测系统包含了由地下深部位移监测、地表 GNSS 变形监测、地下水位监测、地表裂缝监测和降雨量监测等多种监测内容组成的监测系统,野外数据采集装置自动采集并记录上述监测内容,然后通过 4G 和无线网桥等方式将数据发送到远程控制中心,远程控制中心只需要一台配有公网 IP 的台式机,通过配套软件就可实现数据的自动解算、监控和报警,从而实现对边坡状态的动态监控。

　　地表 GNSS 变形监测系统是边坡安全监测系统的重要组成部分,是边坡监测中自动化集成最高的子系统,该子系统又包含 5 个部分,分别是数据采集、数据通信、数据处理、数据分析与报警以及可视化管理等,图 7.10 为边坡安全监测总体结构图。

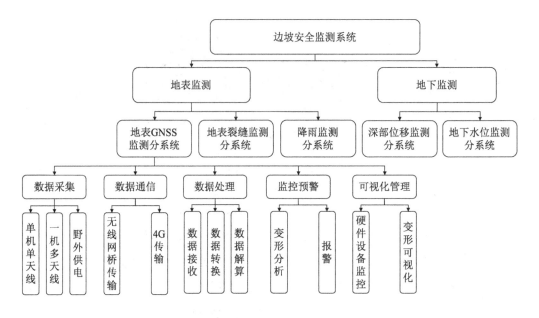

图 7.10　库岸边坡监测总体结构图

2. 基准网设计

为给边坡场地及其周边集镇的地表外部变形观测提供统一的基准,需要根据边坡及周边集镇、居民点场地的具体地形地貌条件设计基准网。根据测区概况,选定 6 个基准点,这些基准点分布在边坡周围,基准点连在一起构成基准网,该网由 10 条独立基线构成,最长边 TN03—TN04 间距约 7.68 km,最短边 TN02—TN06 间距约 2.8 km,基准网如图 7.11 所示。

图 7.11　GNSS 基准网布设图

3. 监测网设计

监测网由控制点和监测点组成,控制点为基准网中的 TN02 和 TN06,监测点的位置则依据能够反映实际边坡的位移、周围无信号遮挡,无电磁干扰以及尽量布设在测斜孔较近位置等原则进行选择。确定乱石岗滑坡堆积区、康家坪滑坡区,M 地块、富塘滑坡残留物堆积区及 N 地块、S 地块以及市荣集镇等为重点监测区域,并根据上述原则分区布置。合计布设 GNSS 监测点 118 个,其中包括 28 个实时监测点和 90 个定期监测点,GNSS 实时监测点的分布情况见图 7.12。

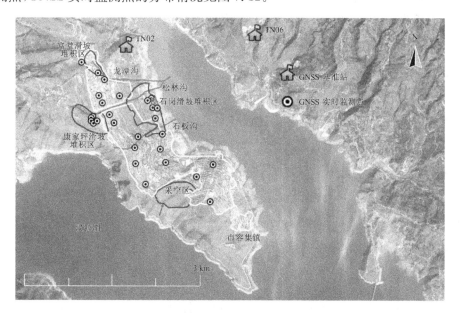

图 7.12　库岸边坡分区及 GNSS 实时监测点分布图

4. GNSS 变形监测系统的实现

数据采集系统实现边坡地表实时和定期监测点的 GNSS 数据采集与存储,实时监测点自动和不间断的连续观测,并将数据实时传输至控制中心;而定期监测点上仅预埋观测墩,GNSS 天线和导线与强制对中设备固连,不安装 GNSS 接收机和数据传输设备,数据由人工定期采集。综合考虑实时监测点周围环境和各个监测点间距离等因素,将实时监测点分为 GNSS 单机单天线数据采集模式和 GNSS 一机多天线数据采集模式。根据实际情况,选取 10 个相对集中的监测点采用一机多天线监测模式,剩余监测点采用单机单天线模式。这样建立的系统在满足精度要求的同时也兼顾系统成本,减少了硬件的投入。

数据传输系统则是将 GNSS 原始观测数据传输至控制中心,是实现边坡自动化监测和无人值守的关键。由于边坡监测现场地形起伏大,监测点与控制中心之间不仅距离较远,而且被库水隔断,不适于采用光缆等有线数据传输方式。综合考虑后采用无线网桥和 4G 技术实现 GNSS 数据的传输。无线网桥具有数据传输速率高、传输距离远、抗干扰能力强等优点,采用 802.11b 标准的无线网桥数据传输速率为 11 Mb/s,在保持足够的数据传输带宽的前提下,802.11b 通常能够提供 4 Mbps 到 6 Mb/s 的实际数据传输速率,最大传输距离可达 50 km。4G 技术较 GSM 及 GPRS 安全保密性能更高,传输速率更快,完全满足监测系统数据传输的需要。因此,对于能够与控制中心通视的实时监测点采取无线网桥进行数据传输,无法通视的实时监测点采用 4G 数据传输方式。同时,为了保证 GNSS 原码数据的安全性和完整性,防止数据传输设备损坏造成数据丢失,在采集终端采取数据强制备份机制,每个监测点的控制器内将本地存储至少 48 h 的观测数据,这些数据不仅支持人工直接拷贝,而且能够在恢复通信时自动重新发送未传输的 GNSS 原码数据。

数据采集系统和传输系统长期工作在野外,24 h 不间断供电对监测系统的稳定运行显得尤为重要。根据实际情况,对于设备多且耗电较高的多天线实时监测点和基准点采用市电供电方式,并通过配套的电源适配模块提供所需要的各种电压,同时配备大容量 UPS 保证市电中断时的电源供应。对于多天线以外的其他实时监测点则采用太阳能方式进行供电,太阳能电池板对预埋于地下的大容量蓄电池充电,蓄电池则对数据采集和传输设备进行供电,并通过电源适配模块提供所需要的电压。为防止电源不稳造成数据丢失,电路控制板上还设计有电源供电检测系统,当检测到电源电压不足时,控制器将自动保存数据。图 7.13 为 GNSS 实时监测点组成框图,图 7.14 为 GNSS 监测点现场运行图。

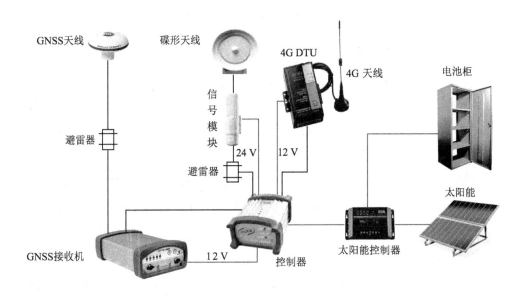

图 7.13　GNSS 实时监测点组成框图

图 7.14 GNSS 监测点现场运行图

参 考 文 献

成英燕,党亚民,秘金钟,等,2017. CGCS2000 框架维持方法分析[J]. 武汉大学学报:信息科学版,42(4):543-549.

程鹏飞,成英燕,2017. 我国毫米级框架实现与维持发展现状和趋势[J]. 测绘学报(10):129-137.

范一大,2004. 减灾卫星发展回顾[J]. 中国减灾(9):32-34.

范一大,吴玮,王薇,等,2016. 中国灾害遥感研究进展[J]. 遥感学报,20(5):1170-1184.

黄才,赵思浩,2017. 国家定位导航授时基础设施现状及能力展望[J]. 导航定位与授时(5):4.

贾金生,袁玉兰,郑璀莹,等,2010. 中国水库大坝统计和技术进展及关注的问题简论[J]. 水力发电,36(1):6-10.

李金红,张灿,志英,2011. 美军卫星基础设施建设现状与特点分析[J]. 卫星与网络(4):22.

吕雪锋,2018. 北斗卫星导航系统与防灾减灾救灾[J]. 中国减灾,338(23):16-19.

门葆红,董文亮,孙付平,等,2016. 国际地球参考框架建立与维持的研究进展[J]. 测绘科学,41(2):20-25.

宁津生,王华,程鹏飞,等,2015. 2000 国家大地坐标系框架体系建设及其进展[J]. 武汉大学学报:信息科学版,40(5):569-573.

施闯,魏娜,李敏,等,2017.利用北斗系统建立和维持国家大地坐标参考框架的方法研究[J].武汉大学学报:信息科学版,42(11):1635-1643.

魏娜,施闯,2009.地球参考框架的实现和维持[J].大地测量与地球动力学,29(2):135-139.

吴迪军,2006.GPS 在现代桥梁工程测量中的应用综述[J].铁道勘察,32(2):1-2,7.

曾澜,2003.欧洲卫星遥感基础设施发展现状及对我们的启示[J].国土资源信息化(5):42-45.

张鹏,武军郦,孙占义,2015.国家测绘基准体系基础设施建设[J].测绘通报(10):9-11.

中华人民共和国水利部,2018.2017 年全国水利发展统计公报[M].北京:中国水利水电出版社.

邹蓉,刘晖,魏娜,等,2011.COMPASS 地球参考框架的建立和维持[J].武汉大学学报:信息科学版,36(4):431.

ARMATYS M, MASTERS D, KOMJATHY A, et al, 2000. Exploiting GPS as a new oceanographic remote sensing tool[C]. Proc. ION National Technical Meeting, Anaheim, CA, Institute of Navigation, January 26-28:339-347.

EGIDO A, PALOSCIA S, MOTTE E, et al, 2014. Airborne GNSS-R polarimetric measurements for soil moisture and above-ground biomass estimation[J]. IEEE Journal of Selected Topics in Applied Earth Observations and Remote Sensing, 7(5): 1522-1532.

GARRISON J L, KATZBERG S J, HILL M I, 1998. Effect of sea roughness on bistatically scattered range coded signals from the Global Positioning System[J]. Geophysical research letters, 25 (13): 2257-2260.

GARRISON J L , KOMJATHY A , ZAVOROTNY V U , et al, 2002. Wind speed measurement using forward scattered GPS signals[J]. IEEE Transactions on Geoscience & Remote Sensing, 40(1):50-65.

GLEASON S, HODGART S, SUN Y D, et al, 2005. Detection and processing of bistatically reflected GPS signals from low earth orbit for the purpose of ocean remote sensing[J]. IEEE Transactions on Geoscience and Remote Sensing, 43(6): 1229-1241.

HALL C D, CORDEY R A, 1988. Multistatic scatterometry[C]. Geoscience and Remote Sensing Symposium, 1988. IGARSS'88. Remote Sensing: Moving Toward the 21st Century. , International. IEEE, 1: 561-562.

JIN S G, QIAN X D, WU X, et al, 2017. Sea level change from BeiDou Navigation Satellite System-Reflectometry (BDS-R): First results and evaluation[J]. Global and Planetary Change, 149: 20-25.

KOMJATHY A, ZAVOROTNY V, AXELRAD P, et al, 2000. GPS signal scattering from sea surface: Comparison between experimental data and theoretical model[J]. Remote Sens. Environ, 73: 162-174.

KOMJATHY A, ARMATYS M, MASTERS D, et al, 2004. Retrieval of Ocean Surface Wind Speed and Wind Direction Using Reflected GPS Signals[J]. Journal of Atmospheric & Oceanic

Technology，21(3):515-526.

LARSON K M，SMALL E E，GUTMANN E，et al，2008. Using GPS multipath to measure soil moisture fluctuations: initial results[J]. GPS Solutions，12(3):173-177.

LARSON K M，GUTMANN E D，ZAVOROTNY V U，et al，2009. Can we measure snow depth with GPS receivers? [J]. Geophysical Research Letters，36(17):L17502.

LARSON K M，LöFGREN J S，HAAS R，2013. Coastal sea level measurements using a single geodetic GPS receiver[J]. Advances in Space Research，51(8):1301-1310.

LIN，B，KATZBERG S J，GARRISON J L，et al，1999. The relationship between the GPS signals reflected from sea surface and the surface winds: Modeling results and comparisons with aircraft measurements [J]. Geophys. Res. ，104(C9):20713-20727.

LOVSE J W，TESKEY W F，LACHAPELLE G，et al，1995. Dynamic deformation monitoring of tall structure using GPS technology. Journal of Surveying Engineering-asce，121(1):35-40.

MARTIN-NEIRAa M，1993. A passive reflectometry and interferometry system (PARIS): Application to ocean altimetry[J]. ESA journal，17(4): 331-355.

SMALL E E，LARSON K M，CHEW C C，et al，2016. Validation of GPS-IR soil moisture retrievals: Comparison of different algorithms to remove vegetation effects[J]. IEEE Journal of Selected Topics in Applied Earth Observations and Remote Sensing，9(10): 4759-4770.

WANG L，ZHANG Q，ZHANG C，et al，2019. Sea level estimation from SNR data of geodetic receivers using wavelet analysis[J]. GPS Solutions，23(1):6.

思 考 题

1. 简述 ITRF 的建立和维持方法。

2. 我国国家空间基础设施及其组成结构分别是什么？

3. 利用 GNSS 进行气象监测的优势是什么？

4. 利用 GNSS 进行地表环境监测的优势是什么？

第8章
北斗卫星导航系统在位置服务中的应用

北斗系统秉承"中国的北斗、世界的北斗"的发展理念,坚持"自主、开放、兼容、渐进"的发展原则,是中国实施改革开放40多年来取得的重要成就之一。近年来,伴随系统服务能力提升,北斗应用推广取得了长足发展,基础产品日益丰富,产业链日臻完善,应用日新月异,经济效益和社会效益不断显现。除了在地球科学领域中的应用外,北斗系统正融入生产生活的方方面面,广泛应用于我国大众消费、智慧城市、交通运输、减灾救灾、农业渔业、精密测绘、自动驾驶等位置服务领域,服务于国家现代化建设和百姓日常生活(中国卫星导航定位系统办公室,2018)。随着北斗系统全球服务的日趋完善,北斗系统将以更丰富的功能、更优异的性能服务世界,为全球经济和社会发展注入新活力。

8.1 大众领域的应用

8.1.1 智能手机的应用

据国家无线电办公室正式发布的《中国无线电管理年度报告(2018年)》报道,2018年我国手机用户总数达到15.7亿户,同时卫星导航定位几乎是所有智能手机的标配。智能手机已成为卫星导航系统最大的大众消费领域,具有非常广阔的应用前景。GNSS已经成为无处不在的技术,现在我们每个人的口袋里都带着一个GNSS接收机(见图8.1)。

很长一段时间以来,智能手机芯片仅仅使用GPS导航定位系统,后来俄罗斯的GLONASS定位功能也逐步加入智能手机芯片,随着中国自主研发的北斗卫星导航系统的完善,我国逐渐摆脱了对国外卫星导航系统的依赖。近年来,北斗/GPS多模定位系统逐渐代替了传统的单GPS系统,手机定位速度与性能大幅提升。

北斗卫星导航在智能手机上的应用主要体现为基于位置的服务(Location Based Services,LBS)上。LBS是通过卫星导航或通信运营商的无线通信网络等定位方式,获取移动终端用户的位置信息,在地理信息系统平台的支持下,为用户提供相应服务的一种增值业务。它包括两层含义:首先是确定移动终端或用户所在的地理位置;其次是提供与位置相关的各类信息服务。目前,不权百度地图、高德地图等地图服务 APP 需要导航定位信息,几乎所有的 APP 都试图获取用户的定位信息。因此,位置服务已成为除通话、上网等功能之外最重要的智能手机功能。

据不完全统计,2018 年前三季度在中国市场销售的智能手机约 470 款有定位功能,其中支持北斗定位的有 298 款,北斗定位支持率达到 63%以上。

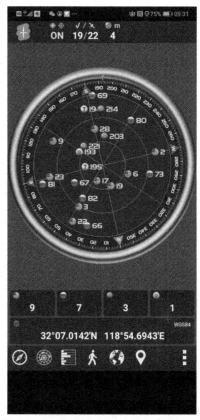

图 8.1　智能手机 GNSS 卫星跟踪图
(图片来源于 AndroidTS GPS Test
手机应用软件)

8.1.2　共享单车应用

共享单车作为“新时代四大发明”之一,为人们提供了便捷的短途出行。自 2007 年以来,中国人可能对共享自行车的概念开始熟悉,但它主要延展了国外共享自行车的模式,使用了有桩的共享自行车。从 2014 年开始,共享自行车开始进入依靠互联网发展的无桩时代,并开始在中国得到广泛应用。至今,我国已有共享单车 60 多种,遍布城市大街小巷(见图 8.2)。共享自行车的出现解决了城市居民出行“最后一公里”的难题,也为很多人提供了一种锻炼方式,所以它被列为“新四大发明”之一。

随着共享单车数量的增加,单车安装卫星定位系统是必然的。国家政策规定 2018 年 5 月份以后上市的共享单车必须要有卫星定位系统。每一辆自行车上面都会内置有卫星导航定位器,且在自行车上面安装太阳能充电板,或者利用自行车在行进过程中的动力对定位器和车辆锁进行充电,使自行车上的定位器和智能锁随时保持满电状态。当共享单车使用者在打开单车时,车辆的卫星导航定位器就会自动开启并上传位置信息到车辆管理后台。

共享单车的定位主要通过安装在单车上的 GPS/BDS 双系统定位终端来实现,有时会通过附近通信基站定位和 Wi-Fi 定位等方法进行辅助,在骑行状态下也可以用骑行者手机 APP 的卫星导航定位坐标代替。当用户使用手机 APP 使用单车时,会首先上报服务器一个手机卫星导航系统获得的坐标信息,服务器根据手机坐标信息和共享

图 8.2　共享单车

单车的位置信息进行综合分析后,确定离用户最近的单车,并引导用户找到单车。同时在骑行过程中,单车实时上报位置信息,实现了骑行轨迹的历史回放以及骑行里程和速度等信息的获取。BDS 和 GPS 双系统定位的精度和可靠性在共享单车应用中扮演了重要的角色。

8.1.3　乘用车导航

随着我国经济和人民生活水平的不断提升,我国居民汽车保有量增长迅速。据公安部统计数据显示,2018 年我国乘用车销量为 2 370 万辆,全国汽车保有量已达到2.4 亿辆。人们不但可以在购买新车时选择前装的智能车载导航终端(见图 8.3),而且可以在已有的汽车上加装导航定位设备,甚至可以配置一台移动式的卫星导航系统,开哪辆车就把它放到哪辆车上。乘用车导航已成为除智能手机外,卫星导航应用最多的领域,而且乘用车前装卫星导航终端已成为发展的主流趋势。

车载导航通过 BDS/GPS 提供的全球卫星定位系统功能,让驾驶者随时随地知晓自己的确切位置,即使在城市复杂路段,仍具备良好的导航性能。车载导航具有的自动语音导航、最佳路径搜索等功能让驾驶者一路捷径、畅行无阻、轻松驾驶、高效出行。

此外,部分汽车服务商提供的后端服务平台,能够实时收集车辆车况、实时位置、行驶路线、驾驶员状态等信息,进行实时监控。当有不安全因素如车辆超速、偏离路线等情况出现时,系统会自动报警提醒司机。实时监控设施还能对车内情况、人数和温度等指标进行检测,预防人为事故的发生。

随着汽车对智能化要求的不断提升,车载北斗终端的前装比例将不断提升,尤其在新能源汽车、辅助和自动驾驶汽车中,北斗定位服务将成为标准配置,具有广阔的应用前景。

图 8.3　北斗乘用车前装导航应用

8.1.4　对特殊人群的关爱

1. 老人和小孩

利用北斗的导航定位、短报文等功能,可以为老人、小孩等特殊人群搭建“保护伞”。特殊人群可将定位程序安装于手机上,也可采用独立的便携式卫星导航终端,通过北斗定位可以实时得到老人/儿童位置,可以实现活动轨迹的跟踪。通过给老人/儿童设定一定的守护活动区域,一旦离开该区域,就会立即接到通知预警。当老人/儿童外出迷路时,定位监控系统可以帮助老人/儿童得到及时的导航服务。目前,我国许多地方相继推出特殊人群关爱终端与平台,并实现了与公安系统的对接。

以某公司研发的“北斗卫士”大众定位服务平台为例,通过搭建全天候的实时定位监护网络,为个人提供精准位置服务的公众服务平台。“北斗卫士”大众定位平台面向老人和儿童这两类特殊人群,系统除定位功能外,还具备 SOS 告警、远程监听、精准定位、实时获取位置信息、远程录音、消息通知等功能。

2. 个人旅游与野外探险

个人旅游与野外探险经常要去到人迹罕至的环境中，此环境最大的特点就是无法实现移动通信。基于北斗的短报文通信功能，在实现北斗定位的同时，还可以通过短报文将位置信息传输出去。当遇险时，可以立即通过北斗短报文发送自身的坐标信息，救援者可以快速地根据坐标进行搜救。

8.2　智慧城市中的应用

8.2.1　公交车智能调度

公交优先已经成为城市交通的发展战略，但当前公交系统整体服务水平仍然较低，还存在整体承载率不足、吸引力低下等问题，公交系统提供的服务与人们出行需求仍存在着一定差距。在这种情况下，围绕公交优先发展战略，将北斗卫星导航高精度应用融合到地面公交领域，通过建设北斗智能车载终端系统、公交实时信息发布系统、电子站牌终端系统和智慧评价服务系统，打造基于北斗系统的公交车智能调度系统可有效解决上述问题。

公交车智能调度系统通过对区域内公交车进行统一组织和调度，提供公交车辆的定位、线路跟踪、到站预测、电子站牌信息发布、油耗管理等功能，以及公交线路的调配和服务能力，实现区域人员集中管理、车辆集中停放、计划统一编制、调度统一指挥，人力、运力资源在更大的范围内的动态优化和配置，降低公交运营成本，提高调度应变能力和乘客服务水平。

北斗卫星导航系统可用于智能公交系统中公交线路的运营管理。如图 8.4 所示，调度人员可通过调度中心大屏幕显示的公交车运行状况，利用北斗卫星导航系统可实时监视所有受控公交车的具体运行位置、运行轨迹、行进速度及方向等有效信息。根据定时从北斗卫星导航系统获取的定位数据，与数据库中站点的基本信息进行对比，计算车辆的到站时间。如果公交车接近站点并且开始减速，系统将会自动播报车辆进站信息；如果公交车离开站点且开始加速时，系统将会自动播报车辆离站信息。

指挥中心利用北斗卫星导航系统可以进行公交车辆的智能调度，当出现堵塞情况时，可以及时调整发车间隔，减轻堵塞。乘客还可利用手机上的 APP 实时查看公交车到站情况，以合理地分配自己的时间，节省候车时间，方便出行。

图 8.4 某市公交车智能调度中心内景图

8.2.2 公务车管理

自 2014 年 7 月中央发布《关于全面推进公务用车制度改革的指导意见》和《中央和国家机关公务用车制度改革方案》以来，公车改革在全国范围内全面启动；2016 年 12 月又下发了《关于进一步加强地方公务用车平台建设的通知》，要求全国各省建设省级公务用车平台及地方各级公务用车平台，同时明确要求加装卫星定位系统。北斗卫星导航系统与公务车管理的结合可使其管理更加透明化，公务车辆在安装上北斗设备后，后台工作人员可随时在电脑上查看公务车的运行轨迹，了解公务车使用动态，进一步提升公务车使用的透明度和监管力度。

公务车智能化管理平台运用系统工程理论将卫星导航定位技术、地理信息系统技术、计算机网络技术、数据库技术、通信技术、电子技术等先进技术科学集成，形成集北斗/GPS 定位、智能化调度、统计分析等于一体的先进的车辆调度管理系统，从而实现车辆日常管理数据信息共享，满足安全运营、调度高效、监管到位、应急响应及时等发展要求，同时可有效减少公车私用、提高用车效率、降低公车数量、提高结算效率、提升政府形象。

公务车管理平台的功能通常包括：

（1）资源管理。对部门、车辆、司机、用车费用等信息进行统一录入，实现所有公务车辆和驾驶员全面的、动态的、精细化的线上管理。

（2）实时监控和历史回放。通过计算机可随时查看公务车辆运行情况，包括车辆

图 8.5 公务车智能化管理系统

位置、行驶状况，并能显示行驶轨迹，杜绝违规使用公务车、乱停放等行为。同时保留每辆公务车在一段时间内的行驶轨迹，并可任意选择车辆和时间段进行回放，形成回放报表。

（3）行驶区域限定。可对授权范围内车辆实行行驶区域限定，如超出授权行驶区域则会在系统内产生警示记录，并发送提醒信息给用车人和本单位分管领导。

（4）统计报表。可对公务车辆的行驶轨迹报表、各部门用车情况、司机出车情况以及违规情况等生成报表。

（5）用车审批。将公务车辆用车流程化，并对所有的用车信息进行记录和管理，以系统流转形式实现车辆申请、审批。

8.2.3 网约车监管

网约车是近年来出现的新鲜事物，给城市交通出行带来了极大便利。随着网约车出行的普及和网约车行业的迅速发展，从业人员和车辆快速增长，在短时期一定程度上提升了城市网约车行业的服务质量。而且对当前严峻的就业形势下，缓解一部分群体的就业与生活压力，增加其收入都有着非常积极的作用。同时，对打破城市出租车的垄断地位，形成更为健康有序的出租车市场，促进分享经济发展有着长远意义。

但同时网约车的出现也带来了监管上的一系列难题,政府有关部门也制定了一系列网约车经营服务的政策、法规规章、标准规范和管理制度,强化监督检查,确保网约车这一新兴的市场健康发展,以优质的服务造福于民,为社会公众享受更加安全便捷服务提供了保障。

为了进一步加强网约车的监管,各地陆续建立网约车监管平台,提高管理的信息化水平。基于北斗等卫星导航定位技术,通过采集涵盖网约车、传统巡游出租车、私人小客车合乘车等各服务类型的约租车的基础数据、定位数据和营运数据,建立覆盖某一地区约租车监管平台,可有效提高行业管理部门信息化监管水平,规范行业秩序,增强约租车行业信息化建设能力,提高行业信息共享和互联互通。

一般来说,网约车车载导航定位终端通常包括如下功能:

(1) 导航定位。安装在车辆上的北斗车载终端设备,用于采集车辆行驶轨迹、行驶状态等信息。

(2) 行车记录。具备高清摄像头,实时进行车内循环录像。

(3) 身份验证。内置身份验证刷卡模块,支持驾驶员身份验证。

(4) 录音监听。内置两个麦克风,通过控制切换,可录音,可监听,可通话。

(5) 紧急报警。安装隐蔽式报警按钮。

通过车载定位终端采集的信息,平台可以实现营运过程的全程动态监管、过程回溯以及应急处置,为网约车的有效监管提供了有效的手段。

8.2.4　公安应急通信指挥

北斗卫星导航系统是我国自主研发的全球卫星定位与通信系统,在公安领域必将逐步取代 GPS 系统,打破卫星应用受制于人的情况。随着公安业务向智能化和信息化方向发展,北斗卫星导航系统在公安领域已经得到了广泛的应用。

在公安应急通信指挥领域,公安机关通过部署北斗警用位置服务系统及北斗公安应急短报文服务系统,利用北斗系统精确定位及短报文通信功能,为公安实战提供可视化的警力资源调度及常规通信手段失效情况下的应急通信保障,从而有效提升公安机关应急处突能力。

北斗警用位置服务系统实现了位置信息的接收、汇聚、共享,通过构建"部—省—市"三级联网运行体系,实现各级公安机关之间的位置数据共享,支撑跨区域、跨警种的应急实战联合调度与指挥。

北斗公安应急短报文服务系统利用北斗系统的短报文通信功能,提供在偏远地区、地形复杂地区移动通信网、公安通信专网失效情况下的应急通信服务,可及时将一线情况传回至后方指挥部,为应急指挥提供全天候、全时段的通信保障服务。(见

图 8.6)

图 8.6　北斗应急救援指挥示意图

8.2.5　城市网格化管理

　　城市网格化管理是一种依托数字化平台，将城市按照一定的标准划分为单元网格的管理方式。网格化管理是有效解决传统城市管理体制弊端的创新实践，将北斗卫星导航系统与城市网格化管理相结合，可以为之提供有效的解决方案，满足我国城市多元化、集成化发展的管理需求，带动北斗系统在城市综合治理领域的广泛应用。（见图 8.7）

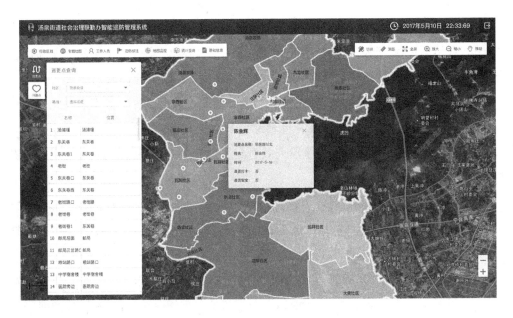

图 8.7　城市网格化管理

南京江北新区将北斗定位导航系统、国产资源卫星遥感等应用到城市网格化管理中,在城市资源的准确定位、查处新增违法建筑、查处破坏绿化行为等方面取得了不错的应用效果。在通过遥感影像判别出现违法行为之后,利用北斗定位导航系统可准确得到违法行为的发生地,然后进一步进行处理。

在城市网格化管理新模式中,信息采集员携带北斗设备在各自的巡查区域内不断巡查,基于设备的定位模块可准确地将信息采集员的位置信息上报到监督中心,然后监督中心结合高分辨率遥感影像数据,就可实现位置定位、轨迹回放等功能,从而了解该区域的情况。

8.3 交通领域的应用

8.3.1 重点运输车辆过程监控

交通运输行业是北斗系统最大的民用行业之一,其自身点多、线长、面广的特点对位置服务提出了巨大需求。重点车辆运输是城市公共交通运输的重要组成部分,一般是指"两客一危"运输车辆、应急运输保障车辆和重载普货车辆等相对重要、相对难以管理的车辆运输。随着我国交通运输事业快速发展,道路运输事故也呈上升趋势,且重点运输车辆可能附带着危险易爆、易燃等货物,给人民群众生命和财产安全造成严重损失,甚至影响社会稳定。重点运输车辆过程监控成为政府部门、营运企业、重点车辆司机以及乘客等多方共同关心的问题。

近年来,我国地方各级交通主管部门陆续建设基于北斗卫星定位技术的车辆动态监控系统,在加强区域内重点运营车辆的监控,减少道路交通事故中发挥了重要作用,提高了运输车辆监管能力,保障了公路交通和道路运输安全。交通运输部于 2011 年启动建设重点运输过程监控管理服务示范系统工程,面向道路运输领域大规模推广应用北斗系统。目前已有 600 多万套北斗终端接入全国监管与服务平台(如图 8.8 所示),覆盖中国大陆各个省份,带动了北斗终端进入道路运输领域,有效带动了北斗终端的规模化生产及应用,促进了北斗终端及芯片价格大幅下降,为北斗系统在民用领域的广泛应用创造了有力基础。

8.3.2 物流配送车辆监管

物流运输行业是推动国民经济快速发展必不可少的基础产业,各类物流运输仓储企业虽然在长期发展历程中积累了丰富的实践经验,但过去由于各物流运输企业无法

图 8.8　重点运输过程车辆监控示意图

对车辆动态信息进行实时监控,且信息反馈不及时、不精确、不全面等问题导致了运输能力的大量浪费与运营成本的居高不下。面对当今客户日益增长的服务需求,物流运输企业必须采用新科技手段来改变落后的管理模式,提高自身的服务质量与服务水平,迎接市场挑战。

当前利用北斗作为通信平台的货运北斗车载终端已得到广泛使用,卫星定位信息在地理信息系统和无线通信系统支持下,使货运公司实现了对车辆的全程监控,及时掌握车辆的运行状况,提高了车辆的行车效率和行车安全。通过车辆监控调度管理系统,加强了对车辆的管理,降低了企业运营成本。但是这种定位结合地面无线通信的物流系统覆盖范围只能局限于地面基站系统所能达到的地区,无法适应偏远地区、海上、跨省市的大范围物流的要求。

以北斗邮政物流应用为例,北斗邮政物流应用以对邮政网路运输车辆的监控调度管理为切入点,以北斗定位导航授时服务为基础,综合利用新一代信息通信技术,通过安装北斗智能车载终端实现对邮政生产作业车辆、人员以及货物的全程监管,实现位置与信息的完美结合,解决邮政车辆、揽投人员和邮件信息化、规范化管理的难题。目前已完成中国邮政北斗信息管理系统平台建设,实现了超过 3 万台北斗终端的装车与平台系统接入,覆盖 31 个省、直辖市干线邮路车辆。后续将全面推广北斗系统在邮政系统的应用,实现从邮政车辆到揽投人员的定位调度管理,最终达到北斗与无线射频技术结合实现邮件全程可跟踪控制、可视化管理,在中国现代物流领域带动北斗系统的快速应用推广。

8.3.3　船舶监控

随着社会的发展我国内河航运信息化管理也在逐渐提高,但是目前大多数航运企业仍然通过电话进行信息交流来实现对运营船舶的监管,这种方式不仅管理效率低而且话费成本较高。随着船舶数量和交通运输量的增加,产生了一系列的问题,如船舶动态数据管理,安全监测和保护,应急处理等。目前,这些问题主要依靠人工管理来实现,管理效率不高,容易造成监管不到位。

而通过北斗定位以及其他辅助手段可以实现各种水上移动目标监控,满足渔政管理部门对水域的全方位、全天候、无盲区、无漏洞的动态监控指挥需求,对保障执法安全、提升执法效率和加强执法监督有着重要意义。

船载终端上的北斗/GPS 设备接收到卫星信号,通过单点定位或者差分定位,获得准确的位置坐标信息,将该位置信息连同船舶的状态、报警器和传感器输入等信息通过无线通信发送到监控指挥中心,与计算机系统上的电子地图进行匹配,在地图上显示船舶的正确位置。

我国已经在众多水域应用了北斗定位技术。以岳阳市水域为例,主要包括 265 万亩洞庭湖、163 km 长江岳阳段、100 多千米湘江岳阳段水域的水面,每天 4 000 多条船在这片水域上进行捕鱼或采砂作业。岳阳市渔政管理部门建设洞庭湖船舶北斗监控管理系统,重点解决环洞庭湖船舶管理的突出问题,为作业船舶等提供全天候实时定位、导航等服务以及各类综合服务。目前,洞庭湖船舶北斗监控管理系统已接入岳阳市水域的渔船、执法船、游船、采砂船等多类型船舶 4 000 多艘,全面提升了岳阳市公共服务水平和社会管理能力,后续还将稳步推进在湖南省湖域管理领域的深度应用。

8.3.4 航空领域的应用

卫星导航系统是确保民用客机安全有序飞行的重要基础设施,在飞越大洋的民航飞机上安装了卫星导航接收机后,飞机就能沿着最短的路线飞行,而不必根据地面导航设施的分布情况做曲线飞行。据估计,仅此一项即可缩短 8%~10% 的飞行距离,燃料消耗、飞行时间、飞机的利用效率等也都产生了相应的变化,从而产生了巨大的经济效益(吕小平,2011)。北斗卫星导航系统在飞机起降、航空器监视、民航搜索和救援领域都有着独特优势,在民用航空领域有着非常广阔的潜在应用前景。在通用航空领域,通用航空器监管是当前及未来两年北斗民航应用的重点方向。为了进一步保证低空空域安全高效使用,中国民用航空局于 2018 年 9 月发布了《低空飞行服务保障体系建设总体方案》,提出推动以北斗定位数据为基础,融合北斗短报文(RDSS)、广播式自动相关监视(ADS-B)数据的低空监视信息平台建设,实现对通用航空器低空飞行的实时监视。目前,国内主要通航企业都已计划引入基于北斗的管理系统,实时对空全覆盖监控飞机。2018 年年底,中国民用航空局全面启动了北斗星基增强系统民航应用验证评估工作,更有力推动了未来北斗系统服务我国民用航空。北斗三号基本系统的建成,星基增强服务的提供,进一步提升了北斗为中国及周边地区通用航空和运输航空服务的能力(中国卫星导航定位协会,2019)。

据统计,2017年乘坐国内航班的旅客为5.5亿人次,全球超过40亿人次。旅客人数的不断增加将会使空中交通管制的难度越来越大,而航路的有效划分可以实现空域划分最优化、有效控制空中交通流量以及管理飞行路径。目前,每架飞跃大洋的民航飞机所占用的空间为:上下2 000 ft(1 ft=0.304 8 m),前后左右为60 mile(1 mile=1.609 344 km)。而配备了北斗接收机后,由于用户可随时精确地确定自己的三维位置和三维速度,故分配给每架飞机的空间可缩小为:上下1 000 ft,前后左右各为20 mile。这就意味着原来一架飞机所占用的空间可同时容纳18架飞机安全地飞行,从而大大缓解了空中交通管制的压力。地面监视控制通过通信系统也可以实时监测飞机位置、速度、航向、时间等多个状态参数,根据这些参数可以了解飞机自主航路和状态等信息,及时矫正飞行航路。

此外,在飞机上配备北斗接收机后,就能更好地完成飞机的进场、着陆、起飞等工作,取代或减少对复杂而昂贵的机场着陆系统的依赖程度,提高导航的可

图8.9　配备北斗接收机的军用飞机

靠性。在战争或地震灾害等特殊时期,配备北斗接收机的军用飞机(见图8.9)能够不受天气和环境的影响,为作战和求援人员提供技术保障,提高航空的安全性。

8.3.5　无人机监管

无人机的概念最早应用于军工领域,民营企业和资本很难获得准入,但伴随着时代的发展、科技的不断进步,无人机发展迅猛。今天,无论在军事、生活还是农业、科研等领域,无人机越来越频繁出现在各行各业中。快速崛起的无人机产业,正以势不可挡的升力拉动着各行业的发展。

无人机产生高速发展的同时也带来了一系列的问题,据中国民航部门公布的数据显示,2016至2017年上半年,全国发生无人机干扰民航飞行事件多达63起,因"黑飞"所造成的扰民困局也在逐年凸显,而这仅仅是无人机产业发展过程中所面临问题的一个缩影。巨大的安全隐患及恶劣的社会影响所折射出的无人机监管问题日益加剧。

放眼全球,无人机飞行监管问题同样严峻,监控方法也是多种多样,如区域禁飞、实名登记、出台立法、高额罚款等,但仍都处于探索阶段,如何做到快速发展的同时兼顾规范管理,让无人机产业更加科学、健康地发展,成为摆在众人面前的一道难题。

国外无人机一般采用GPS与其他导航系统组合来实现导航,如美国"全球鹰"和"捕食者"都采用惯性/卫星组合导航系统。由于GPS由美国国防部控制,其他国家采用GPS在很多方面都受制于人,并有可能威胁到国家和社会的安全。针对无人机空中管理存在的问题,可利用北斗的定位技术实时监控已注册无人机的飞行状况,对提高无人机的空中管理能力和水平以及改善"黑飞"情况具有重大的实际意义(吴超琼等,2017)。

图8.10　民用无人机

8.3.6　驾考驾培

随着机动车特别是汽车的保有量急剧增长,出现了交通拥堵、交通安全等一系列问题,提高驾驶人整体驾驶素质及交通科学管理水平是解决这些问题的两大有效途径。提高驾驶人驾驶素质的关键在于加强机动车驾驶人培训与考试,但目前由于客观原因,我国机动车驾驶人培训、驾考行业能力建设落后于驾驶人培训、考试需求增长速度,且存在考试要求较低、培训质量不高、行业监管不严等问题。之前行业主要的技术依靠在培训和考试场安装大量传感器来实现考试和培训过程中的数据采集,不仅投资造价较高,同时施工建设工程量非常大。

北斗卫星高精度差分定位技术为驾考驾培提供了一种新途径。通过北斗接收机获取的高精度定位数据,对场地和车辆分别进行建模,从而对考试过程进行实时评价,满足了考试自动化的要求。同时将传感器获取的车辆驾驶过程中的相关数据,通过无线传输系统网络将数据处理后传回管理中心,并建设考场管理信息化系统,将考试信息与驾管平台实现安全信息交互。通过北斗定位设备和管理云平台可以满足计时培训的需求,可以实现系统校时、实时记录车速和行驶里程、电子围栏、学员训练信息管理、驾驶车车辆管理、教练员管理、教学日志管理以及相关行业主管部门管理等功能。

例如某公司研发的北斗驾考驾培系统，完全按照公安部第 123 号令和最新国标《机动车驾驶人考试内容和方法》(GA 1026—2017)等要求进行设计。系统具有高精度定位、航向、姿态测量等功能，是驾校科目二、三考试中的一款革命性创新产品。该系统由三维可视化监控系统、车载分系统、考试监控平台、无线网络、测绘分系统等组成（见图 8.11），采用高精度 RTK 技术、卫星导航与惯性导航融合技术，能够准确测定车辆的运动姿态，使得系统能够在考训全过程中及时、准确、完整地掌握驾驶人、车辆、考场的动态信息，并通过网络实现信息联通共享、综合研判、全过程可追溯、可监管等功能。该系统确保了驾驶人足够有效的学习时间，实现了机动车驾驶人资格考试的公平公正。使用该系统能提高机动车驾驶人技术，降低交通事故的发生率，保障交通安全，提升国内道路安全环境。

图 8.11　基于北斗的驾驶人考训系统应用

8.3.7　自动驾驶

自动驾驶汽车是利用车载传感器来感知车辆周围环境，并根据感知所获得的道路、车辆位置和障碍物信息，自动规划行车路线并控制车辆达到预定目标的智能汽车。无人驾驶汽车也称为轮式移动机器人，主要依靠车内的以计算机系统为主的智能驾驶仪来实现无人驾驶的目的。无人驾驶汽车从根本上改变了传统的"人—车—路"的闭环控制方式，将不可控的驾驶员从该闭环系统中移除，从而大大提高了交通系统的效率和安全性。（见图 8.12）

车辆自动驾驶导航系统主要由基准站、车载卫星定位组件、决策支持组件和自动控制组件组成。通过架设的基准站，基于差分定位技术可以显著提高车辆的定位精度。高精度的车辆位置、速度等信息发送至决策支持组件后，即可进行车辆行进路线

图 8.12　自动驾驶汽车

的计算并通过自动控制组件完成车辆控制。

　　在这一过程中,北斗卫星导航系统主要在基准站和车载卫星定位组件中发挥作用,利用北斗设备可准确获取车辆的高精度位置信息,在有了高精度的位置信息之后,无人驾驶汽车才可以准确地识别车辆所在的位置及其周围的环境,从而做出各种驾驶判断。

8.4　减灾救灾领域的应用

8.4.1　民政防灾减灾救灾

　　近年来,党和国家非常重视防灾减灾救灾。2016 年 7 月 28 日,时值唐山大地震40 周年纪念日,习近平总书记到唐山考察时明确指出我们国家是遭受自然灾害最为严重的国家之一。"十二五"以来,国家减灾委、民政部一直致力于推动减灾救灾领域信息化建设,努力完善我国的灾害信息管理与服务网络。经过多年的努力,我国灾害管理信息化建设取得了较大进展,31 个省(自治区、直辖市)和新疆生产建设兵团的所有县级以上灾害管理部门已经实现了网络服务节点全覆盖,但仍然存在多个突出问题:广大基层城乡社区和西部偏远地区基础网络建设相对滞后;重特大自然灾害现场应急通信保障能力差;缺乏覆盖全域、多网络融合、集成化灾害信息服务系统及专用终端。

　　北斗以其定位、授时、短报文三位一体的特性,在提供辅助的天基应急通信保障、完善地面灾害信息管理与服务网络、消除地面通信网络盲区等方面具有独特优势,推进北斗系统在国家减灾救灾领域的应用是完善国家灾害信息服务网络的现实需求。北斗系统在减灾救灾领域应用的具体优势有:

（1）有助于解决灾后第一时间灾情上报和对现场应急救援活动的远程指挥监控。

（2）有助于消除全国民政灾情报送网络的盲点，扩大覆盖范围。

（3）有助于提升对减灾救灾人员、车辆的管理与信息服务水平。

目前，北斗系统在国家减灾救灾领域的应用主要有五大业务。

1. 灾情信息采集监控

基层灾害信息员可利用北斗减灾信息终端采集现场灾情及其定位信息，北斗数据通信链路发送到北斗综合减灾后方应用平台，后方应用平台统一接收和管理所有北斗减灾信息终端上报的灾情信息，实现灾害现场高精确定位、位置与灾情信息采集上报、现场灾害损失评估，以及灾害高风险地区灾害信息的监测与汇总等功能。

2. 应急救援指挥调度

面向重特大自然灾害的现场应急救助、转移安置和指挥调度需求，基于北斗卫星导航系统、网络地图服务技术及移动通信，以数字地球为背景，以灾害现场为关注区域，实时汇集、统计、分析与展现各类现场灾情信息，提供应急救助需求评估、应急救援任务的路径规划、应急工作组的路径跟踪标绘、灾害现场态势信息监控，以及灾民转移安置地、转移安置路径等救灾信息和任务指令调度，实现现场应急救援指挥任务的前后方协同。

3. 救灾物资调运监控

基于北斗系统提供复杂灾区路况的救灾物资运输路线规划、运输途中路况信息及灾情信息采集、救灾物资车辆运输位置与状态监控，以及救灾物资车辆自适应导航等功能，实现救灾物资运输过程的在线查询、可视化监控及任务调度管理。

4. 现场人员应急搜救

面向现场被困人员的应急搜救需求，基于北斗定位、短报文通信及移动通信服务提供被困人员的定位、现场应急搜救任务的监控及现场应急搜救信息调度与分发等功能，实现现场救援任务的前后方协同，满足快速响应、连续跟踪、迅速搜救。

5. 灾害信息发布服务

面向基层灾害信息员和各级灾害管理人员的信息服务需求，基于北斗定位、短报文通信及移动通信提供北斗减灾信息终端应用软件发布服务、灾情与任务数据包推送服务、短报文信息通知服务、灾害专题地图发布服务及现场信息支持服务等功能，实现现场灾情信息监控、移动信息服务及救灾应急通信保障服务能力（廖永丰，2014）。

应急管理部开展的北斗综合减灾救灾应用示范项目已在天津、辽宁、上海、江苏、山东、湖北、陕西、甘肃、青海、宁夏等10个省（自治区、直辖市）开展规模化建设应用，按照"1+32"分布式体系架构建设成立了北斗综合减灾运营服务中心、部署建成10个省级北斗综合减灾应用分节点平台、装备部署 4.5 万台北斗减灾信息专用终端,初步建立了利用北斗减灾业务系统开展灾情直报、现场核查、现场应急救援、人员应急搜救、灾害信息发布服务等业务应用的全国推广技术体系。(见图 8.13)

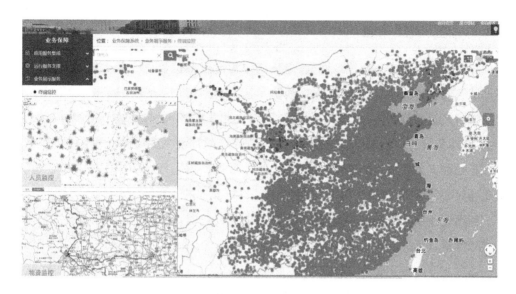

图 8.13　全国救灾资源"一张图"动态位置监控

8.4.2　海上遇险搜救

海上发生的遇险大多数是突发事件,由于人在水中特别是在水温较低时存活时间较短,加上受海上气候条件等不利因素影响,海上搜救工作难度很大。近年来,随着水路运输的快速发展和海洋开发利用力度加大,海上遇险人数和遇险船舶数量不断增加,海上生产作业安全形势日益严峻。

针对我国多数海上作业船舶和遇险个体缺乏遇险报警与定位技术手段,导致遇险搜救效率低、救助力量协同能力不足等问题,交通运输部于 2015 年启动北斗海上遇险报警管理和搜救指挥系统建设。该系统利用北斗定位、导航、短报文通信等功能,结合卫星通信及移动通信等通信手段,综合集成报警核查、险情持续跟踪、搜救计划制订与模拟、搜救力量管理与智能调派等全生命周期管理能力,实现部、省、市三级接警管理与督办。

目前,交通运输部已在中国海上搜救中心、各省级海上搜救中心、救助局、打捞局等相关业务部门开展应用部署,在参与搜救的海事、救助船舶上安装了北斗短报文智能船载终端,面向涉海用户推广了 40 余万套北斗报警设备。该系统的使用显著提高了海上遇险对象搜寻效率,减少了海上遇险伤亡人数,保障了海上作业的人身和财产安全。

随着北斗全球系统的建设以及各类技术的不断发展,本系统服务区域将从中国海域扩展到全球,支持更多报警信息接入,带动海上用户普及使用基于北斗的海上遇险报警设备,推动北斗在海事搜救领域的广泛应用。

8.4.3　消防救援管理

随着消防救援任务的日趋繁重,消防工作的重要地位显得十分突出,如何进一步提高消防部队的快速反应能力,加强消防车辆的动态管理、动态调度、动态指挥,成为消防指挥系统的首要任务。在指挥系统中引入北斗技术很好地解决了这些问题。近年来,北斗导航定位技术在消防通信调度指挥系统的建设中得到了普遍重视和发展。

在处置火灾扑救和抢险救灾过程中,北斗可提供灾害现场的消防员实时定位、救援现场兵力部署、车辆行进与停靠等高精度、高可靠性的卫星导航定位技术支持。

利用北斗定位服务,消防救援力量在行进和到场时,在指挥中心可显示执勤车辆的实时位置、行进方向、行进速度、停靠位置等,消防指挥员可以动态掌握情况,灵活调度。通过北斗短报文服务,对正在发生的规模较大、有可能造成重大人员伤亡的火灾或救援行动,可以立即向指挥中心报告。在公网瘫痪或无覆盖的情况下,实现北斗短报文的发送与接收,成为消防应急通信保障的重要补充手段。(见图 8.14)

图 8.14　救援人员在现场使用北斗设备

消防调度中心利用北斗导航定位技术,能够在电子地图上显示消防队站、联动单位、灾害发生地的准确地理位置,以及周边范围内消防水源、救援车辆运动轨迹、路况信息,优化出警路线标记,及时地调度周边联动力量,并向多部门同步发送地理坐标信息和卫星地图。

在发生地震、洪灾、风灾等重大灾害,或开展沙漠、山区、海洋等人烟稀少地区的搜索救援时,救援成功的关键在于及时了解灾情并迅速到达救援地点,利用北斗系统的定位与通信功能,通过卫星导航终端设备可及时报告灾情所处位置和受灾情况,有效缩短救援搜寻时间,大大减少人民生命财产损失。

在大型消防安保活动中,利用消防警用终端与北斗导航定位融合功能,精确定位执勤车辆、人员位置,形成海量位置资源联网共享,通过分析挖掘,优化警力部署和实施预警监控。

当前,随着社会经济的快速发展,高层建筑、地下工程、石油化工、公众聚集场所的大量涌现,灾害日趋多样化、复杂化,快速处置灾害事故,有效地保护市民生命和财产安全,已成为消防队伍面临的一项紧迫任务。基于北斗导航的消防救援指挥系统,充分地发挥和挖掘了北斗技术在消防应用领域的优势,拓展和利用了它的功能,更好地协助消防队伍为社会经济和人民生命安全保驾护航。

8.5　农业渔业应用

8.5.1　农机作业监管

我国农业机械综合利用水平达到 60% 以上,已经广泛应用于农业生产的耕、种、管、收等各个环节。近年来,国家通过政策引导,逐渐将购机补贴向作业补贴过渡。农业部于 2016 年 8 月印发的《"十三五"全国农业农村信息化发展规划》中,明确要求加快加强信息技术与农业生产融合应用,加快基于北斗系统的深松监测、自动测产、远程调度等作业的大中型农机物联网技术推广。2017 年陕西、湖北、内蒙古、黑龙江、江苏、甘肃等地陆续将北斗应用终端正式纳入各地省级补贴范围,2018 年国务院发布《关于加快推进农业机械化和农机装备产业转型升级的指导意见》(国发〔2018〕42 号),提出加快推动农机装备产业高质量发展,加强农机装备质量可靠性建设等目标,强调"加快推广应用农机作业监测、维修诊断、远程调度等信息化服务平台,实现数据信息互联共享,提高农机作业质量与效率"。

通过在农业机械上安装北斗智能车载终端及相关传感器,可实现农机管理数字化、可视化、智能化和精准化,并可通过手机 APP 应用及微信公众号完成实时监管,为农机物联网、安全监管和信息化管理提供了综合解决方案。以某农机作业监管平台为例,其支持众多的应用作业类型,如旋耕、插秧、稻麦收割、深松整地、植保、播种、翻耕、深翻等,与其配套开发的基于北斗的农机全程机械化云服务平台(见图 8.15),针对省、市、县、合作社多层级用户,围绕耕—种—管—收等作业核心环节,以农机为核心开展农机全程作业智能监测与调度,集农机的定位跟踪、作业监管、远程调度、运维管理、大数据分析、补贴结算、信息发布、合作社管理等功能于一体,服务于全国大农机、大农业的发展,目前已在江苏、湖北、浙江等全国大部分地区进行了推广使用。(见图8.15)

图 8.15　北斗农机作业监管服务应用

应用北斗进行农机作业监管可以最大限度提高农机作业质量和管理效率,降低农业对劳动力的需求和劳动强度,已经成为北斗应用领域的热点,具有广阔的应用前景。

8.5.2　农机自动驾驶

随着北斗卫星导航系统的进一步发展,北斗在农业领域的应用已从单纯提供定位信息发展成为将卫星定位与液压控制、传感器技术、拖拉机电子控制相结合,进而实现农业作业的全程自动化技术。

北斗农机自动驾驶系统,简单来说,就是利用北斗卫星的定位信号来设计车辆的行驶轨迹,在车辆作业过程中综合车辆的位置、姿态、航向角、传感器信息等,并通过控制液压系统,最终达到实现控制农机转向,按照设计路径行驶的目的。北斗农机自动驾驶系统通常由以下几个部分组成,如显示器、控制器、液压阀、角度传感器、接收机、卫星天线以及配套线缆。

如某公司研发的基于北斗系统的农机自动驾驶系统(见图8.16),该系统利用北斗双天线定位定向和高精度差分技术,实时提供农机等车辆的姿态信息、坐标信息、航向信息等,通过控制方向盘转动,从而控制农机自动驾驶行走,并将农机行走作业精度控制在±2.5 cm以内。目前可在各种大中型拖拉机上以及各种收获机械、水田作业机械(如插秧机)等农机上使用,集北斗系统、大扭矩电机精确控制、农业机械转向控制技术于一体,应用于整个农业的耕、种、管、收环节上,比如耙地、旋耕、起陇、播种、喷药、收割、开沟、插秧、精量施肥等农业作业中。

图 8.16　北斗农机自动驾驶应用

8.5.3　海洋渔业

我国是渔业大国,海域辽阔,海岸线约为 1.8 万 km,海洋渔业水域面积达 300 多万平方千米,渔业人口有 2 000 余万,船舶数量 100 多万,因而实现对作业渔船的动态监控和实时跟踪对保障渔民安全、引导渔民作业意义重大。

北斗卫星导航系统是中国具有自主知识产权的集定位、双向短报文通信于一体、完全覆盖中国海域的卫星系统。北斗系统以其高精度、低成本、全天候,同时具备短报文通信功能等特点,在海洋渔业行业具有不可替代的独特优势。利用北斗卫星导航系统,建立中国海洋渔业安全生产监管与指挥系统,对保障渔民生命财产安全、促进渔业现代化管理和维护国家海洋渔业权益意义重大,需求迫切。

某北斗卫星海洋渔业综合信息服务系统主要由北斗卫星及卫星地面站、北斗海洋渔业船载终端、北斗运营服务中心(见图 8.17)和陆地监控台站等组成。船载终端通过北斗定位功能定位自身位置,并利用北斗短报文将位置信息发送给运营服务中心,实现监控指挥中心对作业渔船的动态监控。

该系统可为海上渔业生产作业者提供自主导航、遇险紧急报警、船岸短消息互通服务;为各级渔业管理部门、渔业公司提供海上渔船的船位监控、遇险救助联络、渔业资源环境保护等服务;为岸上的相关用户随时随地提供亲人的海上位置,并通过互联网络和亲人进行信息交流的服务。

北斗卫星海洋渔业综合信息服务系统的应用极大地保障了出海渔民的生命财产

图 8.17　北斗运营服务中心

安全,减少了海洋争端,促进了海洋经济和谐发展,促进了渔业现代化信息管理水平,推动海洋经济再上新台阶。

目前,我国东南沿海 50 n mile(1 n mile＝1.852 km)以外的中远海船舶安装了基于北斗的海上通信设备,为各渔业管理部门建立超过 1 300 个船位监控系统,建成海、天、地一体化的船舶集中监控管理体系。已发展入网用户近 7 万个,伴随手机用户约 15 万个,日均位置数据 800 万条,日均短信 6 万余条。近三年累计救助渔船 210 余艘,旅游船 3 艘,外国渔船 4 艘,伤病人员 30 余人,渔民 1 500 余人,挽回经济损失超过 10 亿元。

8.5.4　海洋观测

2018 年,北斗在海洋观测领域的应用正在不断突破。中国目前已经能自主研发国产剖面浮标,并利用北斗系统定位和传输观测数据,打破了全球 Argo 实时海洋观测网中剖面浮标由欧美国家一统天下的局面,以此建立的"北斗剖面浮标数据服务中心(中国杭州)",也成为继法国和美国之后第三个有能力为全球 Argo 实时海洋观测网提供剖面浮标数据接收和处理的国家平台。我国于 2002 年正式加入国际 Argo 计划,截至 2018 年 9 月底,中国已经在太平洋、印度洋及地中海等海域累计布放了 423 个剖面浮标,其中国产北斗剖面浮标 30 个,北斗系统也因此成为服务于全球海洋观测网的三大卫星系统之一。2019 年 1 月,我国首次实现了深海潜标大容量数据的北斗卫星实时传输,改变了以往依赖国外通信卫星的历史,提高了深海数据实时传输的安全性、自主性和可靠性(中国卫星导航定位协会,2019)。

伴随着北斗三号系统的基本建成,北斗系统的应用范围将拓展到全球,加之物联网技术、嵌入式技术、微电子技术的发展,使得我国在全球范围内海洋监测浮标、海面基站建设的能力,以及水下传感器网络节点的全球组网、续航、数据采集、通信等方面能力逐渐完善,功能也越来越强大。将北斗卫星系统应用到海洋环境、生态、安全等方面的监测,结合海洋浮标系统、水面基站、水下传感器网络,建立以中国周边海域为主的国家精密动态海洋时空基准网,逐步完善国家海洋定位、导航、授时、通信体系与环境监测网,同时联合多边的国际合作,通过"一带一路"倡议的落实,开展全球性海洋时空基准与环境监测网的布设,为我国建设海洋强国的战略目标提供强力支撑。

8.6　典型应用案例——农机作业监控

8.6.1　项目概况

湖北省是农业大省,拥有农业机械 130 万台,但信息化程度整体较低。2015 年,借助国家大力发展卫星导航产业和"互联网＋"的重大机遇,湖北省农机局联合江苏北斗卫星应用产业研究院以中国第二代卫星导航重大专项——湖北省北斗导航应用示范项目为契机,积极推动"北斗＋农机"技术的推广应用,开展北斗现代农业示范应用。

现代农业应用示范项目主要目标是以深松整地、秸秆还田作业的拖拉机及跨区作业的联合收割机为重点,在全省范围建设开发北斗农机作业精细化管理系统,推广北斗农机定位终端 12 000 套,实现农机合理调度,探索远程可操控的农机自动化作业模式,指导农机合理调度和监控。

北斗现代农业示范项目主要包括北斗终端研制和安装、精细化管理平台研发和部署以及平台运营维护工作。

8.6.2　系统组成

基于北斗的农机作业精细化管理系统从实际应用角度出发,通过对农业领域位置服务信息的需求和应用场景分析,将北斗信息终端装备于农用机械,通过系统平台为机械化播种、插秧、植保、收割、深松、秸秆还田等农机作业,提供作业数据采集、自动化处理、统计分析、精细化管理等服务,为农业管理部门、农场、合作社、农机手等不同角色用户提供及时准确的信息化服务,真正做到"轻松管、轻松算、方便查"。

系统采用标准的层级结构体系,设计出体系架构分层模型,从下至上依次为感知层、传输层、服务层和应用层共四层,如图 8.18 所示。

感知层：包括北斗农机定位终端、高清拍照设备、深度传感器及机具识别卡，可实时自动获取农机作业数据。

传输层：融合现有的移动网络通信技术，将感知层获取的信息进行上报传输。

服务层：实现采集数据的接收和存储（通信服务器），建立基础信息数据库（数据库服务器），完成业务数据查询、计算和分析，并提供各种服务调用接口（应用服务器）。

应用层：为政府管理部门、农机合作组织、农机手、农机生产厂商等最终用户提供一系列人机交互界面，实现农机作业的实时监控和精细化管理。

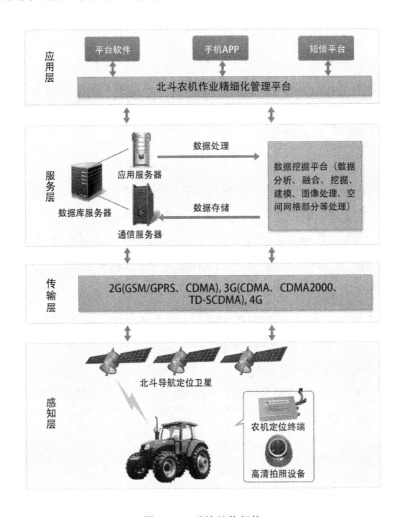

图 8.18　系统总体架构

8.6.3　北斗农机智能终端

北斗农机智能终端由北斗导航定位模块、高清视频采集模块、无线传输模块、机具识别模块和深松、姿态等传感器共同组成，能够实现农机作业位置的实时上报、作业场

景自动拍照上传、作业深度实时监测、农机工况实时采集等功能。(见图 8.19)

考虑到农机实际作业环境中存在的种种问题,移动网络信号不稳定,作业环境恶劣,灰尘、雨水、振动等影响设备正常使用的因素,终端具备盲区补传、断电续传、防水防尘防振等特性。

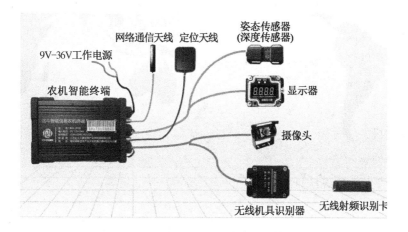

图 8.19　北斗农机智能终端组成

8.6.4　精细化管理平台

管理平台是实现基于北斗进行农机精细化管理的核心,其核心功能主要包括以下几个方面:

(1)系统权限登录

系统登录页面是系统各角色用户登录系统的入口,提供"保存密码""保存账户"等功能,将用户名和密码缓存在本地,为登录用户提供快捷登录方式。具备省、市、县、乡镇农机管理部门及农机合作社、农机手、农户等多级用户操作使用管理模块,且权限界限明晰。

(2)作业类型和作业季管理

可进行作业类型的切换,同时作业季会根据所选择的作业类型做同步变化,如果有多个作业季,那么系统默认会选择最接近当前时间的作业季。秸秆还田、深松整地、植保、插秧、无人机等作业类型都可以接入平台。

(3)作业概览

可以全面掌握各自权限范围内作业投入情况、作业完成情况、农机上线等信息。

(4)作业监控

通过对农机作业过程中机械状态数据和农机位置信息实时采集、处理,结合地理信息系统技术,实现管理员对作业全过程的实时监控管理。还可根据机械保有量分布情况,统筹还田机资源,合理配置调度,协调跨区作业,实现农机引导。可以看到区域分布的农机数量情况,放大地图级数即可看到具体农机信息,农机位置会实时更新。

(5)图像、视频、工况信息采集

实时监视选定农机的作业数据,包括农机终端在线状态、作业深度、作业速度、作业里程、实时面积等。通过作业工况实时记录农机工作情况,准确掌握农机健康状态。通过视频影像或图片展示,第一时间了解农机作业现场情况。通过深度曲线图实时记录农机作业深度变化情况,监控作业质量。

(6)轨迹查询

选定农机,可以查询任意时间农机轨迹信息,并支持回放,了解农机的实时行驶轨迹或查询农机的历史行驶轨迹。通过轨迹分析,可详细地了解农机的作业情况、作业面积及地块信息。

(7)作业面积计算统计

以地块方式统计农机作业面积,结合地理信息系统技术直观展示还田地块地理分布情况。提供按农机、农机合作社、行政区域等多种统计方式,可从不同维度统计农机作业面积和地块分布情况,方便管理员监控作业整体进展情况。

(8)报表分析呈现

以农机、合作社、乡镇、区县、省市作为分析对象,从微观到宏观进行多维度多角度的统计。通过作业分析,农机局管理员和农机站管理员可全面准确掌握农机作业进度、审核情况、资金补助等情况,并提供 Excel 报表导出、图形导出功能,为政府决策管理提供科学依据。

可以根据客户需求定制报表,展现客户需要了解的信息。

(9)作业审核

为核查人员提供面积审核、质量审核等多种手段,方便核查人员对农机作业进行综合全面评判。相对于传统的核查手段,通过平台进行作业审核可最大限度地节省审核的时间成本和人力成本,极大地提高了审核效率和准确度。

作业面积审核提供地块级别审核方式,基于终端采集的位置信息,精确测算地块面积,结合地理信息系统技术,为面积审核提供可靠的数据基础和可视化手段,提供面积、图片、深度点、合格率等作业质量判断标准。

(10)作业调度

通过作业调度模块,农机站管理员可以给农机合作社分配作业区域和作业面积,并实时跟踪所有合作社作业完成情况和作业审核情况。农机合作社管理员也可以通过作业调度模块实时跟踪本合作社下的作业完成情况和作业审核情况。通过平台系统,综合考虑作业进度、农机投入情况、地理分布情况等因素,进行科学调度,可有效提高农机资源利用效率。

参 考 文 献

廖永丰,2014.北斗系统在国家综合减灾业务中的应用[J].卫星应用(10):28-32.

吕小平,2011."北斗"在我国民用航空的发展和应用[J].中国民用航空(8):39-42.

吴超琼,赵利,梁钢,等,2017.基于北斗导航系统的无人机飞行监管系统设计[J].测控技术,36(8):66-69.

中国卫星导航定位协会,2019.中国卫星导航与位置服务产业发展白皮书(2019)[R].北京:中国卫星导航定位协会咨询中心.

中国卫星导航系统管理办公室,2018.北斗卫星导航系统应用案例[R].北京:中国卫星导航系统管理办公室.

思 考 题

1. 如何理解"位置服务即为基于位置的地理信息服务"?

2. 北斗短报文通信的应用领域有哪些?

3. 未来在我国的位置服务应用中,北斗卫星导航是否会完全取代GPS?

4. 北斗高精度位置服务的发展瓶颈和应用前景有哪些?

5. 北斗应用的下一个突破口在哪里?

6. 如何理解"北斗十"?

7. 北斗三号全面建成后,北斗提供全球服务所带来的冲击和挑战是什么?

8. 人工智能迅猛发展的背景下,北斗如何发挥自身作用?

附录1

北斗广播星历(部分)

```
3.03          N: GNSS NAV DATA    C: BDS                    RINEX VERSION / TYPE
Spider v7.4.1.8151  SMO                20200502 000733 UTC PGM / RUN BY / DATE
BDSA  7.4506D−09     2.0862D−07 −2.0266D−06  4.5896D−06  IONOSPHERIC CORR
BDSB  1.3926D+05 −1.0322D−06  8.3231D+06 −8.3231D+06  IONOSPHERIC CORR
BDUT −1.8626451492D−09 0.000000000D+00 517985   747     TIME SYSTEM CORR
     4    4   573     6                          LEAP SECONDS
                                                 END OF HEADER
C01 2 020 04 30 23 00 00 −5.567546468228D−04 3.594102793159D−11 0.000000000000D+00
     1.000000000000D+00 3.163750000000D+02 −3.694082373329D−09 2.246115613034D+00
     1.051183789968D−05 5.526976892725D−04 1.129694283009D−06 6.493339422226D+03
     4.284000000000D+05 −3.259629011154D−09 2.748231202084D+00 −3.492459654808D−08
     8.986045692301D−02 −4.273437500000D+01 −2.648581229457D+00 4.869845859901D−09
    −1.585780395885D−10 0.000000000000D+00 7.470000000000D+02 0.000000000000D+00
     2.000000000000D+00 0.000000000000D+00 −5.500000010983D−09 −9.999999939225D−09
     4.284004000000D+05 0.000000000000D+00
C02 2 020 04 30 23 00 00 3.809719346464D−04 −2.516653552220D−11 0.000000000000D+00
     1.000000000000D+00 1.348281250000D+02 −2.349383576572D−09 −8.556152702561D−01
     4.454981535673D−06 3.857297124341D−04 −6.898306310177D−06 6.493363586426D+03
     4.284000000000D+05 −8.195638566616D−08 −3.060739387670D+00 −2.747401595116D−08
     1.066602336383D−01 2.025312500000D+02 −1.077362103245D+00 3.287279781716D−09
     2.253665309926D−10 0.000000000000D+00 7.470000000000D+02 0.000000000000D+00
     2.000000000000D+00 0.000000000000D+00 9.000000189552D−10 −1.350000022882D−08
     4.284004000000D+05 0.000000000000D+00
C03 2 020 04 30 23 00 00 5.548949120566D−04 1.243449787580D−10 0.000000000000D+00
     1.000000000000D+00 1.702500000000D+02 −2.583322000760D−09 −1.963511602997D+00
     5.663372576237D−06 8.837137138471D−04 −5.892477929592D−06 6.493469554901D+03
     4.284000000000D+05 −8.661299943924D−08 3.104198943123D+00 −5.261972546577D−08
     1.074434258500D−01 1.736093750000D+02 6.133282408859D−01 3.539790238705D−09
     1.553636108653D−10 0.000000000000D+00 7.470000000000D+02 0.000000000000D+00
```

2.000000000000D＋00 0.000000000000D＋00 2.299999968258D－09－8.099999782019D－09

4.284004000000D＋05 0.000000000000D＋00

C04 2 020 04 30 23 00 00－2.378587378189D－04 1.575273245180D－11 0.000000000000D＋00

1.000000000000D＋00 3.211406250000D＋02－3.537290238498D－09－2.838298089914D＋00

1.050997525454D－05 1.587283331901D－04－3.297813236713D－06 6.493396781921D＋03

4.284000000000D＋05 6.426125764847D－08 3.001558212959D＋00－1.355074346066D－07

9.977155867446D－02 9.103125000000D＋01 2.453058467000D＋00 4.778056172938D－09

4.178745544037D－11 0.000000000000D＋00 7.470000000000D＋02 0.000000000000D＋00

2.000000000000D＋00 0.000000000000D＋00 4.899999961339D－09－8.599999823389D－09

4.284004000000D＋05 0.000000000000D＋00

C05 2 020 04 30 23 00 00－2.053286880255D－04－6.374989425240D－11 0.000000000000D＋00

1.000000000000D＋00 1.419843750000D＋02－2.477960281411D－09－1.472882129876D＋00

4.793982952833D－06 6.427299231291D－04－8.001923561096D－06 6.493492769241D＋03

4.284000000000D＋05－2.980232238770D－08 3.112635230345D＋00－2.188608050346D－08

1.065378371343D－01 2.405468750000D＋02－7.902765928893D－01 3.552290905873D－09

1.650068692793D－10 0.000000000000D＋00 7.470000000000D＋02 0.000000000000D＋00

2.000000000000D＋00 0.000000000000D＋00－4.000000053406D－10－8.999999856485D－09

4.284004000000D＋05 0.000000000000D＋00

C06 2 020 04 30 23 00 00 6.397631950676D－04 4.935483133295D－10 0.000000000000D＋00

1.000000000000D＋00 4.560937500000D＋01 1.239694458199D－09－1.632444670422D＋00

1.164618879557D－06 9.422840783373D－03 1.653702929616D－05 6.493361522675D＋03

4.284000000000D＋05－1.015141606331D－07－5.410473121065D－01－1.140870153904D－07

9.454661070298D－01－2.688593750000D＋02－2.204007741221D＋00－1.937223492732D－09

3.782300306288D－10   7.470000000000D＋02

2.000000000000D＋00 0.000000000000D＋00 7.999999773745D－09－1.999999943436D－09

4.284000000000D＋05 0.000000000000D＋00

C07 2 020 04 30 23 00 00 8.217236027122D－04－2.981170865723D－11 0.000000000000D＋00

1.000000000000D＋00 1.363281250000D＋02 1.289696571760D－09 3.090572162576D＋00

4.651956260204D－06 7.333848392591D－03 1.400103792548D－05 6.493405344009D＋03

4.284000000000D＋05－1.038424670696D－07 1.473781567021D＋00 1.564621925354D－07

8.994837347194D－01－1.952812500000D＋02－2.649160458704D＋00－2.097230167308D－09

－4.489472682501D－10   7.470000000000D＋02

2.000000000000D＋00 0.000000000000D＋00 1.400000027019D－08 7.000000024071D－10

4.284000000000D＋05 0.000000000000D＋00

C08 2 020 04 30 22 00 00－2.282938221470D－04－1.991207199126D－11 0.000000000000D＋00

2.000000000000D＋00－2.635312500000D＋02 9.689689051129D－10 7.405856120662D－01

－8.531846106052D－06 4.523602314293D－03 1.234002411366D－07 6.493461772919D＋03

4. 248000000000D+05 3. 399327397346D−07−2. 659501876345D+00−1. 257285475731D−07

1. 033657037953D+00 2. 474375000000D+02−2. 705461825047D+00−2. 302595891734D−09

4. 607334652684D−11   7. 470000000000D+02

2. 000000000000D+00 0. 000000000000D+00 9. 999999939225D−09−9. 000000189552D−10

4. 248300000000D+05 1. 000000000000D+00

北斗精密星历(部分)

```
＃cP2014  1  5  0  0  0.00000000        97d＋D   IGb08 FIT AIUB
＃＃ 1774      0.00000000   900.00000000 56662 0.0000000000000
＋   70   G01G02G03G04G05G06G07G08G09G10G11G12G13G14G15G16G17
＋        G18G19G20G21G22G23G24G25G26G27G28G29G30G31G32R01R02
＋        R03R04R05R06R07R08R09R10R11R12R13R14R15R16R17R18R19
＋        R20R21R22R23R24E11E12E19E20C06C07C08C09C10C11C12C13
＋        C14J01 0  0  0  0  0  0  0  0  0  0  0  0  0  0  0  0
＋＋      4  5  4  4  6  6  4  5  6  5  4  5  4  5  5  5  5
＋＋      6  5  5  5  5  5  4  5  4  7  5  5  5  5  5  6  5
＋＋      5  5  5  5  6  5  5  5  6  6  6  6  6  6  7  7
＋＋      7  5  6  7  5  5  5  7  7  7  6  8  6  4  4  4  4
＋＋      4  4  0  0  0  0  0  0  0  0  0  0  0  0  0  0  0
％c M  cc GPS ccccccc cccc cccc cccc ccccc ccccc ccccc ccccc
％c cccc ccc ccc cccc cccc cccc ccccc ccccc ccccc ccccc
％f  1.2500000   1.025000000  0.00000000000  0.000000000000000
％f  0.0000000   0.000000000  0.00000000000  0.000000000000000
％i  0    0    0    0      0      0      0      0      0
％i  0    0    0    0      0      0      0      0      0
／＊ CODE MGEX ORBIT SOLUTION
／＊ FOR DOY 14005
／＊ INCLUDING ESTIMATED SATELLITE CLOCKS
／＊ PCV:IGS08      OL/AL:FES2004  NONE     YNORB:CoN CLK:CoN
＊  2014  1  5  0  0  0.00000000
PG01  −21385.217834  −10984.824096  11382.491470      98.314531
PG02  12652.857667   21965.329417   8999.020154      470.896666
PG03  −11505.417971  −12136.017210  −21203.557782     308.184868
```

PG04	−1259.454595	18414.388885	18703.870214	4.735116
PG05	4808.254890	21518.450352	−14736.850353	−393.391212
PG06	−3165.676010	−15281.338896	−21421.678473	222.431551
PG07	−16620.878300	2508.675076	−20574.655479	299.186693
PG08	−8595.331197	12040.236041	−21842.141064	11.054723
PG09	−7294.304578	13670.575374	−22083.137659	295.651490
PG10	−8637.191244	24817.344283	1271.763111	−108.712805
PG11	−23558.694869	−12496.899288	356.569923	−452.806682
PG12	13377.920121	6087.794238	22082.307818	178.243855
PG13	−25985.895692	5299.171816	−2635.276040	43.104443
PG14	14949.663294	−14179.532960	16893.182985	205.672522
PG15	20767.217875	6086.803012	−15627.821284	−155.907727
PG16	−3374.324418	−21162.330833	−15489.435271	−236.513331
PG17	−14183.093735	14778.180380	17017.169341	−56.321167
PG18	15868.191689	−14491.015511	−14964.395668	294.283646
PG19	−19768.623128	−8341.843478	−16052.760616	−430.073001
PG20	−15732.394478	−2237.348528	21088.246882	150.291511
PG21	16029.552121	−4878.967614	−20100.155672	−336.404535
PG22	11055.609627	−23388.199239	−5453.998565	204.899195
PG23	−25232.564486	−694.700964	8986.065579	15.471082
PG24	21151.668005	14410.593541	7244.064342	−21.013163
PG25	16056.639282	−8495.393825	19279.903553	7.058726
PG26	8743.545509	13602.871776	−21777.252386	202.970257
PG27	−6579.044046	−13913.143836	−21653.275071	−12.610025
PG28	−13021.132904	21614.311951	−7420.455662	322.096803
PG29	26201.730145	−3999.167123	1404.900075	500.783628
PG30	7058.490119	−25470.860039	−1101.809633	−156.650467
PG31	−1397.882183	−19538.499478	17958.548519	331.986470
PG32	−9450.272080	−15148.465447	19896.737962	−506.548677
PR01	12553.576551	213.384392	−22212.082440	−167.042815
PR02	16399.641160	−15464.241465	−11889.880164	51.547597
PR03	10979.804741	−22303.627747	5713.852918	6.726243
PR04	−1083.638407	−15950.256034	19884.193188	57.034318

PR05   −12442.072575   −421.504519   22247.298640   −164.510834

PR06   −16480.282260   15860.062655   11300.570105   40.717868

PR07   −11001.908665   22296.920590   −5697.271827   −83.088355

PR08   828.910914   16129.982780   −19686.689864   −22.494745

PR09   −9635.645006   4752.056458   −23149.647536   5.303212

PR10   984.796942   18747.057868   −17242.837182   −24.607151

PR11   11424.388099   22837.382639   −959.952605   −26.020438

PR12   14920.704351   12869.397366   16081.752231   −52.501009

PR13   9476.122088   −4691.160995   23202.009048   −420.385479

PR14   −1363.524375   −19100.787302   16878.618309   38.164710

PR15   −11625.489196   −22641.883656   151.793837   14.692144

PR16   −14980.581293   −12497.105074   −16510.853880   10.793036

……

EOF

北斗导航电文信息类别及播发特点

D1、D2 导航电文信息类别及播发特点

电文信息类别		比特数	播发特点	
帧同步码(Pre)		11	每子帧重复一次	
子帧计数(FraID)		3		
周内秒计数(SOW)		20		
本卫星基本导航信息	整周计数(WN)	13	D1:在子帧 1、2、3 中播发,30 s 重复周期; D2:在子帧 1 页面 1～10 的前 5 个字中播发,30 s 重复周期; 更新周期:1 h	基本导航信息,所有卫星都播发
	用户距离精度指数(URAI)	4		
	卫星自主健康标识(SatH1)	1		
	星上设备时延差(T_{GD1}, T_{GD2})	20		
	时钟数据龄期(AODC)	5		
	钟差参数(t_{oc}, a_0, a_1, a_2)	74		
	星历数据龄期(AODE)	5		
	星历参数(t_{oc}, $\sqrt{A}$, e, ω, Δn, M_0, Ω_0, $\dot{\Omega}$, i_0, IDOT, C_{uc}, C_{us}, C_{rc}, C_{rs}, C_{ic}, C_{is})	371		
	电离层模型参数(α_n, β_n, $n = 0～3$)	64		
历书信息	页面编号(Pnum)	7	D1:在第 4 和第 5 子帧中播发; D2:在第 5 子帧中播发	
	历书信息扩展标识(AmEpID)	2	D1:在子帧 4 页面 1～24、子帧 5 页面 1～6 中播发; D2:在子帧 5 页面 37～60、95～100 中播发	
	历书参数(t_{oa}, $\sqrt{A}$, e, ω, M_0, Ω_0, $\dot{\Omega}$, δ_i, a_0, a_1, AmID)	178	D1:在子帧 4 页面 1～24、子帧 5 页面 1～6 中播发 1～30 号卫星;在子帧 5 页面 11～23 中分时播发 31～63 号卫星,需结合 AmEpID 和 AmID 识别; D2:在子帧 5 页面 37～60、95～100 中播发 1～30 号卫星;在子帧 5 页面 103～115 中分时播发 31～63 号卫星,需结合 AmEpID 和 AmID 识别; 更新周期:小于 7 d	

（续表）

电文信息类别		比特数	播发特点	
历书信息	历书周计数(WN_a)	8	D1：在子帧 5 页面 8 中播发； D2：在子帧 5 页面 36 中播发； 更新周期：小于 7 d	基本导航信息，所有卫星都播发
	卫星健康信息(Hea_i，$i=1\sim43$)	9×43	D1：在子帧 5 页面 7～8 中播发 1～30 号卫星健康信息；在子帧 5 页面 24 中分时播发 31～63 号卫星健康信息，需结合 AmEpID 和 AmID 识别； D2：在子帧 5 页面 35～36 中播发 1～30 号卫星健康信息；在子帧 5 页面 116 中分时播发 31～63 号卫星健康信息，需结合 AmEpID 和 AmID 识别； 更新周期：小于 7 d	
与其他系统时间同步信息	与 UTC 时间同步参数（A_{0UTC}，A_{1UTC}，Δt_{LS}，Δt_{LSF}，WN_{LSF}，DN）	88	D1：在子帧 5 页面 9～10 中播发； D2：在子帧 5 页面 101～102 中播发； 更新周期：小于 7 d	
	与 GPS 时间同步参数（A_{0GPS}，A_{1GPS}）	30		
	与 Galileo 时间同步参数（A_{0Gal}，A_{1Gal}）	30		
	与 GLONASS 时间同步参数（A_{0GLO}，A_{1GLO}）	30		
基本导航信息页面编号（Pnum1）		4	D2：在子帧 1 全部 10 个页面中播发	完好性、差分信息、格网点电离层信息只由 GEO 卫星播发
完好性及差分信息页面编号（Pnum2）		4	D2：在子帧 2 全部 6 个页面中播发	
完好性及差分信息健康标识（SatH2）		2	D2：在子帧 2 全部 6 个页面中播发； 更新周期：3 s	
北斗系统完好性及差分信息扩展标识（BDEpID）		2	D2：在子帧 4 全部 6 个页面中播发	
北斗系统完好性及差分信息卫星标识（$BDID_i$，$i=1\sim63$）		1×63	D2：在子帧 2 全部 6 个页面中播发 1～30 号卫星；在子帧 4 全部 6 个页面播发 31～63 号卫星； 更新周期：3 s	
北斗系统差分及差分完好性信息	区域用户距离精度指数（$RURAI_i$，$i=1\sim24$）	4×24	D2：在子帧 2、子帧 3 和子帧 4 全部 6 个页面中播发； 更新周期：18 s	
	用户差分距离误差指标（$UDREI_i$，$i=1\sim24$）	4×24	D2：在子帧 2、子帧 3 和子帧 4 全部 6 个页面中播发； 更新周期：3 s	
	等效钟差改正数（Δt_i，$i=1\sim24$）	13×24	D2：在子帧 2、子帧 3 和子帧 4 全部 6 个页面中播发； 更新周期：18 s	
格网点电离层信息	格网点电离层垂直延迟（d_r）	9×320	D2：在子帧 5 页面 1～13，61～73 中播发； 更新周期：6 min	
	格网点电离层垂直延迟改正数误差指数（GIVEI）	4×320		

北斗卫星发射一览表

（截至 2020 年 6 月 20 日）

卫　　　星	发射日期	运载火箭	轨道	卫星类型
第 1 颗北斗导航试验卫星	2000.10.31	CZ-3A	GEO	北斗一号
第 2 颗北斗导航试验卫星	2000.12.21	CZ-3A	GEO	
第 3 颗北斗导航试验卫星	2003.5.25	CZ-3A	GEO	
第 4 颗北斗导航试验卫星	2007.2.3	CZ-3A	GEO	
第 1 颗北斗导航卫星	2007.4.14	CZ-3A	MEO	北斗二号
第 2 颗北斗导航卫星	2009.4.15	CZ-3C	GEO	
第 3 颗北斗导航卫星	2010.1.17	CZ-3C	GEO	
第 4 颗北斗导航卫星	2010.6.2	CZ-3C	GEO	
第 5 颗北斗导航卫星	2010.8.1	CZ-3A	IGSO	
第 6 颗北斗导航卫星	2010.11.1	CZ-3C	GEO	
第 7 颗北斗导航卫星	2010.12.18	CZ-3A	IGSO	
第 8 颗北斗导航卫星	2011.4.10	CZ-3A	IGSO	
第 9 颗北斗导航卫星	2011.7.27	CZ-3A	IGSO	
第 10 颗北斗导航卫星	2011.12.2	CZ-3A	IGSO	
第 11 颗北斗导航卫星	2012.2.25	CZ-3C	GEO	
第 12、13 颗北斗导航卫星	2012.4.30	CZ-3B	MEO	
第 14、15 颗北斗导航卫星	2012.9.19	CZ-3B	MEO	
第 16 颗北斗导航卫星	2012.10.25	CZ-3C	GEO	
第 17 颗北斗导航卫星	2015.3.30	CZ-3C	IGSO	北斗三号（试验）
第 18、19 颗北斗导航卫星	2015.7.25	CZ-3B	MEO	
第 20 颗北斗导航卫星	2015.9.30	CZ-3B	IGSO	
第 21 颗北斗导航卫星	2016.2.1	CZ-3C	MEO	
第 22 颗北斗导航卫星	2016.3.30	CZ-3A	IGSO	北斗二号
第 23 颗北斗导航卫星	2016.6.12	CZ-3C	GEO	

（续表）

卫星	发射日期	运载火箭	轨道	卫星类型
第24、25颗北斗导航卫星	2017.11.5	CZ-3B	MEO	北斗三号
第26、27颗北斗导航卫星	2018.1.12	CZ-3B	MEO	
第28、29颗北斗导航卫星	2018.2.12	CZ-3B	MEO	
第30、31颗北斗导航卫星	2018.3.30	CZ-3B	MEO	
第32颗北斗导航卫星	2018.7.10	CZ-3A	IGSO	北斗二号
第33、34颗北斗导航卫星	2018.7.29	CZ-3B	MEO	北斗三号
第35、36颗北斗导航卫星	2018.8.25	CZ-3B	MEO	
第37、38颗北斗导航卫星	2018.9.19	CZ-3B	MEO	
第39、40颗北斗导航卫星	2018.10.15	CZ-3B	MEO	
第41颗北斗导航卫星	2018.11.1	CZ-3B	GEO	
第42、43颗北斗导航卫星	2018.11.19	CZ-3B	MEO	
第44颗北斗导航卫星	2019.4.20	CZ-3B	IGSO	
第45颗北斗导航卫星	2019.5.17	CZ-3C	GEO	北斗二号
第46颗北斗导航卫星	2019.6.25	CZ-3B	IGSO	北斗三号
第47、48颗北斗导航卫星	2019.9.23	CZ-3B	MEO	
第49颗北斗导航卫星	2019.11.5	CZ-3B	IGSO	
第50、51颗北斗导航卫星	2019.11.23	CZ-3B	MEO	
第52、53颗北斗导航卫星	2019.12.16	CZ-3B	MEO	
第54颗北斗导航卫星	2020.3.9	CZ-3B	GEO	
第55颗北斗导航卫星	2020.6.23	CZ-3B	GEO	

备注：GEO：地球静止轨道；MEO：中地球轨道；IGSO：倾斜地球同步轨道。

CZ-3A：长征三号甲火箭；CZ-3B：长征三号乙火箭；CZ-3C：长征三号丙火箭。